食品加工技术 创新与应用

赵月 孙洋 著

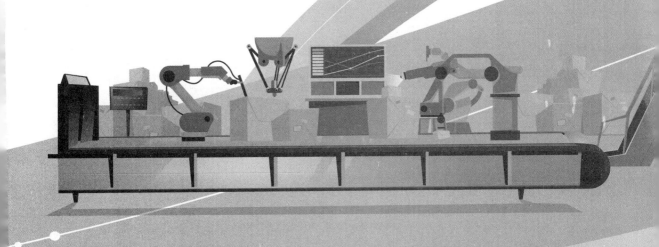

延边大学出版社

图书在版编目（CIP）数据

食品加工技术创新与应用 / 赵月，孙洋著. -- 延吉：
延边大学出版社，2023.7
ISBN 978-7-230-05207-8

Ⅰ．①食… Ⅱ．①赵… ②孙… Ⅲ．①食品加工
Ⅳ．①TS205

中国国家版本馆 CIP 数据核字（2023）第 132754 号

食品加工技术创新与应用

著　　者：赵 月　孙 洋
责任编辑：王思宏
封面设计：文合文化
出版发行：延边大学出版社
社　　址：吉林省延吉市公园路 977 号　　　　邮　编：133002
网　　址：http://www.ydcbs.com
E-m a i l：ydcbs@ydcbs.com
电　　话：0433-2732435　　　　　　　传　真：0433-2732434
发行电话：0433-2733056
印　　刷：廊坊市广阳区九洲印刷厂
开　　本：787 mm×1092 mm　1/16
印　　张：11.75　　　　　　　　　　　字　数：229 千字
版　　次：2023 年 7 月　第 1 版
印　　次：2023 年 7 月　第 1 次印刷
ISBN 978-7-230-05207-8

定　　价：78.00 元

前　　言

　　我国拥有十几亿人口，现已成为世界性的食品生产、消费和出口大国。食品工业关系国计民生，是我国国民经济的重要支柱产业，对推动国民经济持续、稳定、健康发展具有重要意义。

　　本书主要研究食品加工技术创新与应用方面的问题，涉及丰富的食品加工知识。主要内容包括食品的基本概念、食品加工原料及加工特性、果蔬、肉制品、乳制品、蛋制品、水产食品、糖果加工技术、食品加工高新技术等。本书在内容选取上既兼顾到知识的系统性，又考虑到可接受性，同时强调食品加工技术的应用性。本书旨在向读者介绍食品加工技术的基本概念、原理和应用。本书涉及面广，实用性强，使读者能理论结合实践，获得知识的同时掌握技能，理论与实践并重，并强调理论与实践相结合。本书兼具理论与实际应用价值，可供相关教育工作者参考和借鉴。

　　由于笔者水平有限，本书难免存在不妥，敬请广大学界同仁与读者朋友批评指正。

目　录

第一章　食品概述

第一节　基本概念

一、食物

食物是指可供食用的物质，是人体生长发育、更新细胞、修补组织、调节机能必不可少的营养物质，也是产生热量、保持体温、进行体力活动的能量来源，主要来自动物、植物、微生物等，是人类生存和发展的重要物质基础。

食品加工原料的来源广泛、品种众多，有植物性原料，如谷物、玉米、豆类、薯类、水果、蔬菜等；有动物性原料，如家禽、畜产、水产以及蛋类和乳类等；有微生物来源，如菇类、菌类、藻类、单细胞蛋白等；还有化学合成原料，如食品添加剂等。食品原料的特点决定了食品不同的加工工艺和设备选型，这些特点主要表现在如下方面：

（一）有生命活动

食品原料大多是活体，如蔬菜、水果、坚果等植物性原料在采收或离开植物母体之后仍具有生命活动；动物屠宰后，健康动物的血液和肌肉通常是无菌的，肉类的腐败实际上是由外界感染的微生物在其表面繁殖所致。

（二）季节性和地区性

许多食品原料的生长、采收等都严格受季节的影响，不适时的原料一般品质差，会影响质量和销售价格。原料的生长受到自然环境的制约，不同种类的原料要求有不同的生长环境。同一种原料，由于生态环境的不同，其生长期、收获期、原料品质等也有一定差异。

（三）复杂性

原料的种类很多，种类和品种不同，其构造、形状、大小、化学组成等各异。此外，食物化学成分多，除营养成分外，还有其他几十种到上千种的化合物；食品成分既有相对分子质量成千上万的大分子，也有几十到几百的小分子，既有有机物，又有无机物；食物体系复杂，有胶体、固体、液体、气体（如碳酸饮料的二氧化碳）等。

（四）易腐性

食物因含有大量的营养物质，同时又富含水分，因此极易腐败变质，尤其受到机械损伤后的果蔬更易腐烂。在食品加工中，肉类、大多数水果和部分蔬菜属于极易腐败原料，贮藏期为1天到2周；柑橘、苹果和大多数块根类蔬菜属于中等腐败原料，贮藏期为2周到2个月；谷物、豆类、种子和无生命的原料，如糖、淀粉和盐等由于含水量较低，属于不易腐败原料，贮藏期可达到2个月以上。

早期人类饮食的方式主要是生食。在长期的进化中，除其中一些食物如水果、蔬菜等可供直接食用外，对于粮食、肉类等食物，人类学会了烧、烤、煮等处理后才食用。到了现代，人类更加懂得并有目地地对食物进行相应的处理，这些处理包括将食物挑拣、清洗或进行加热、脱水、调味、配制等加工，经过这些处理后就得到相应的产品或称为成品，这种产品既可以满足消费者的饮食需求，又可以使食物便于贮藏而不易腐败变质。食物经过不同的配制和各种加工处理，从而形成了形态、风味、营养价值各不相同，花色品种各异的加工产品，这些经过加工制作的食物统称为食品。

二、食品

按照《中华人民共和国食品安全法》，食品是指"各种供人食用或者饮用的成品和原料以及按照传统既是食品又是中药材的物品，但是不包括以治疗为目的的物品。"该定义明确了食品和药品的区别。食品往往是指经过处理或加工制成的作为商品可供流通用的食物，包括成品和半成品。食品作为商品的最主要特征是每种食品都有其严格的理化和卫生标准，它不仅包括可食用的内容物，还包括为了流通和消费而采用的各种包装方式和内容（形体）以及销售服务。食品应具有的基本特征如下所述：

（1）食品固有的形态、色泽及合适的包装和标签；

（2）能反映该食品特征的风味，包括香味和滋味；

（3）合适的营养构成；

（4）符合食品安全要求，不存在生物性、化学性和物理性危害；

（5）有一定的耐贮藏、运输性能（有一定的货架期或保鲜期）；

（6）方便使用。

三、食品加工

改变食品原料或半成品的形状、大小、性质或纯度，使之符合食品的各种操作称之为食品加工。作为制造业的一个分支，食品加工从动物、蔬菜、水果或海产品等原料开始，利用劳动力、机器、能量及科学知识，把它们转变成成品或可食用的产品。食品加工能够满足消费者对食品的多样化需求，延长食品的保存期，提高原料的附加值。随着科技的发展，现代食品加工是指对可食资源的技术处理，以保持和提高其可食性和利用价值，开发适合人类需求的各种食品和工业产物的全过程。

大多数食品加工操作通过减少或消除微生物活性而延长产品的货架期，确保安全性要求，同时，大多数食品加工操作会影响产品的物理和感官特性。食品加工的主要方式有：

（1）增加热能和提高温度，如巴氏杀菌、商业灭菌等处理；

（2）减少热能或降低温度，如冷藏、冻藏等处理；

（3）除去水分或降低水分，如干燥、浓缩等处理；

（4）利用包装来维持通过加工操作建立的理想的产品特性，如气调包装和无菌包装技术的应用。

四、食品工业

食品加工以商业化或批量甚至大规模生产食品，就形成了相应的食品加工产业。食品工业是主要以农业、渔业、畜牧业、林业或化学工业的产品或半成品为原料，制造、提取、加工成食品或半成品，具有连续而有组织的经济活动工业体系。食品工业不仅能为社会提供日常生活最急需的物品，也是改善、提高国民体质的重要基础，充足的食品供给才能带来社会的稳定。食品工业具有投资少、建设周期短、收效快的特点。食品工业是我国国民经济的支柱产业，也是世界各国的主要工业。当前，我国食品工业总产值在工业部门中所占的比重位居第一，食品工业已成为国计民生的基础工业。

第二节　食品的功能与质量

一、食品的功能

民以食为天，在物质丰富和生活水平不断提高的今天，人类的饮食不仅仅是为了吃饱，还要吃得健康。

食品对人类所发挥的作用可称为食品的功能。最初人们食用食物的目的是解除饥饿。当吃得饱后，便又开始重视色、香、味等食品的附加价值；而一旦吃得过好后，造成营养过剩，于是又希望从食品上得到保持身体健康的物质。因而，由此观念发展出食品的功能如下所述：

（一）营养功能

食品是人类为满足人体营养需求的最重要的营养源，为人体活动提供化学能和生长所需的化学成分，从而维持人类的生存，这就是食品的营养功能，也是食品最基本的功能。

食品中的营养成分主要有蛋白质、碳水化合物、脂肪、维生素、矿物质、膳食纤维。此外，水和空气也是人体新陈代谢过程中必不可少的物质。一般在营养学中水被列为营养素，但食品加工中不将其视为营养素。

食品的价值通常是指食品中的营养素种类及其质和量的关系。食品中含有一定量的人体所需的营养素，含有较多营养素且质量较高的食品，则其营养价值较高。食品的最终营养价值不仅取决于营养素的全面和均衡，而且还体现在食品原料的获得、加工、贮藏和生产过程中的稳定性和保持率等方面，以及营养成分的生物利用率方面。

（二）感官功能

消费者对食品的需求不仅仅满足于吃饱，还要求在饮食的过程中同时满足视觉、触觉、味觉、听觉等感官方面的需求。赋予食物色、香、味、触觉的感官功能，主要包括外观、质地、风味等项目。不仅仅是出于对消费者享受的需求，而且也有助于促进食品的消化吸收。诱人的食品可以引起消费者的食欲和促进人体消化液的分泌，食品的第二功能直接影响消费者的购买意愿。

在当今现代化生活中，许多传统食品的加工生产，其原始目的已不再是提高保藏期，而是提供给消费者某些特殊风味，满足消费者的感官需求成为其首要目的。例如烟熏工艺，过去一直用于保藏，现在已成为一种生产特殊风味制品的加工方法，在一些北欧地区，消费者品尝烟熏鱼只是作为消费鲜鱼的情况下换一种口味的尝试；在英国，熏鱼加工只是为了满足喜欢冒险的消费者的口味爱好，而不是为了保藏。

常见提高食品感官功能的方式包括加工产品时添加各种色素，可促进食欲，添加香料，以提供香味，而一些常用调味料如食盐、糖、味精，以及各种发酵酱料，主要提供味道，薯片、休闲点心等干燥食品入口有酥脆的口感，是为消费者提供触觉。

（三）保健功能

食品保健功能是指调节生理机能的特性。长期以来的医学研究证明，饮食与健康有着密切的关系，某些消费者由于摄入的能量过多或营养不当，而引起肥胖、高血脂、高血压、冠心病、糖尿病等；另一方面，由于缺乏营养素如维生素或矿物质，而引起疾病。

随着科技的发展和研究水平的提高，食物中除了已经发现的大量营养素外，还有少量或微量的化学物质，这些少量或微量的成分一般不属于营养素的范畴，但具有调节机体功能的作用，被称为功能因子。这些成分对于糖尿病、心血管疾病、肿瘤、癌症、肥胖患者等有调节机体、增强免疫力和促进康复的作用，有阻止慢性疾病发生的作用，这就是食品的保健功能。

食品的保健功能是多方面的，除对疾病有预防作用外，还有益智、美容、抗衰老、改善睡眠等多方面的保健作用。一些食品的保健功能正在不断地被发现和开发，一些功能因子的组成和结构被阐明，其药理作用被明确和证实。这就是食品的第三功能，是食品功能的新发展。

《保健食品注册与备案管理办法》自2016年7月1日起正式施行，其中严格定义：保健食品是指声称具有特定保健功能或者以补充维生素、矿物质为目的的食品，即适宜于特定人群食用，具有调节机体功能，不以治疗疾病为目的，并且对人体不产生任何急性、亚急性或者慢性危害的食品。我国规定的保健食品功能范围包括增加免疫力、抗氧化、增加骨密度、改善营养性贫血等共计27项。

（四）文化功能

食品是社会生活一个重要组成部分，各民族、地区都有饮食上的特点与文化特色。食品除了提供营养上、生理上的功能外，也具有一定的文化功能，包括传递情感、传承礼德、陶冶情操等教育作用，以及审美乐趣、食俗乐趣等。

二、食品的质量

人们在选择食品时会考虑各种因素，这些因素可以统称为"质量"。质量曾被定义为产品的优劣程度，也可以说，质量是一些有意义的、使食品更易于接受的产品特征的组合。食品质量的好坏程度，是构成食品特征及可接受性的要素，主要包括食品的感官质量、营养质量、安全质量和保藏期等方面。

（一）感官质量

食品的感官特征，历来都是食品的重要质量指标，随着人民生活水平、消费水平的提高，对食品的色、香、味、外观、组织状态、口感等感官因素提出了更高的要求。人的感官所能体验到的食品质量因素又可分为三大类，即外观、质构和风味。人们一般按外观、质构、风味的顺序来认识一种食品的感官质量特性。

1. 外观因素

外观因素包括大小、形状、完整性、损伤程度、光泽、透明度、色泽和稠度等。例如市售苹果汁既可以是混浊型的，也可以是澄清型的，但因为它们的外观不同，所以常被认为是有差异的两种产品。

食品的大小和形状均易于测量，例如圆形果蔬可以根据其所能通过的孔径大小进行分级。

食品的色泽不仅是成熟和败坏的标志，也可以用来判断食品的处理程度是否达到要求，例如可根据薯片油炸后的色泽来判断油炸终点。对于液体或固体食品，可以与标准比色板进行比较来确定它的颜色。如果食品是一种透明液体（如果酒、啤酒或葡萄汁），或者可以从食品中提取有色物质，那么就可以用各种类型的比色计或分光光度计进行色泽的测定。

食品的稠度可以看作一个与质构因素有关的质量属性，但在很多场合，都能直观观察到食物的稠度，因此稠度也是一个食品外观因素。食品稠度常用黏度来表示，高黏度的产品稠度大，低黏度的产品稠度小。

2. 质构因素

质构因素包括人的手、口所体验到的坚硬度、柔软度、多汁度、咀嚼性以及砂砾度等。食品的质量通常是决定人们对某一产品喜爱程度的重要因素，例如，人们希望口香糖非常耐嚼，饼干或薯条又酥又脆，牛排咬起来要松软易断。

对食品质构的测定可以归结为测定食品体系对外力的阻力。为了测量一些质构属性，人们设计了许多专门的检测仪器，例如，嫩度计可以利用压缩和剪切作用来测定豌豆的嫩度。

食品的质构同形状、色泽一样，并不是一成不变的，其中水分变化起着主要作用，另外也与存放时间有关。新鲜果蔬变软是细胞壁破裂和水分流失的结果，称为松弛现象。果蔬干燥处理后，会变得坚韧、富有咀嚼性，这对于制备杏干、葡萄干等都是非常理想的。某些食品成分在加工过程中也会发生质构变化。如油脂是乳化剂，也是润滑剂，因此焙烤食品需加入油脂使产品嫩化。淀粉和许多胶类物质为增稠剂，可提高产品黏度。液态蛋白质也是增稠剂，但随着溶液温度的升高，蛋白质会发生凝结，形成坚硬结构。糖对质构的影响取决于它在体系中的浓度，浓度较低时可增加饮料的品质和口感，浓度较高时可提高黏度和咀嚼性，浓度更高时可产生结晶、增加体系脆性。食品生产商还经常使用食品添加剂来改善食品的质构。

3. 风味因素

风味因素既包括舌头所能尝到的口味，如甜味、咸味、酸味和苦味，也包括鼻子所能闻到的香味。尽管口味和香味常常混用，但前者一般指"风味"，而后者则专指"气味"。风味和气味通常都是非常主观的，难以精确测量，而且也很难让一组人达成共识。任何一种食品的风味不但取决于咸、酸、苦、甜的组合，而且还取决于能产生食品特征香气的化合物。

尽管人们可以采用各种方法来测定食品风味，例如用折光仪测定糖对溶液折射率的影响来计算糖的浓度；用碱滴定法或用电位测定法确定酸的浓度；还可以用气相色谱法测定特殊的风味物质组成，但对食品感官因素的综合评价还必需考虑到消费者的可接受性，仍然没有哪种检测方法能代替人工品尝。

食品感官质量的评价方法也是不断改进和发展的。原始的感官评定是利用人自身的感觉器官对食品进行评价和判别，许多情况下，这种评价由某方面的专家进行，并往往采用少数服从多数的简单方法来确定最后的评价，缺乏科学性，可信度不高。现代的感官评定，由于概率统计原理及感官的生理学与心理学的引入，以及电子计算机技术的发展应用，避免了感官评价中存在的缺陷，提高了可信度，使感官检验有了更完善的理论基础及科学依据，在食品工业生产中得到了广泛的应用。

（二）营养质量

食品的基本属性是提供给人类以生长发育、修补组织和进行生命活动的热能和营养素。随着科学的发展，为了保证人体的健康，对食物的营养平衡越来越重视。食品的营养价值主要反映在营养素成分和相应的含量上，可以通过化学分析或仪器分析来检测定量，通常被要求标注在食品的包装上。

为指导和规范食品营养标签的标示，引导消费者合理选择食品，促进膳食营养平衡，保护消费者知情权和身体健康，卫生部组织制定了《食品营养标签管理规范》。食品营养标签是向消费者提供食品营养成分信息和特性的说明，通常包括营养成分表、营养声称和营养成分功能声称等。营养成分表是标有食品营养成分名称和含量的表格，表格中可以标示的营养成分包括能量、营养素、水分和膳食纤维等。《食品营养标签管理规范》规定，食品企业标示食品营养成分、营养声称、营养成分功能声称时，应首先标示能量和蛋白质、脂肪、碳水化合物和钠四种核心营养素及其含量。食品营养标签上还可以标示饱和脂肪（酸）、胆固醇、糖、膳食纤维、维生素和矿物质等。营养声称是指对食物营养特性的描述和说明，包括含量声称和比较声称；营养成分功能声称是指某营养成分可以维持人体正常生长、发育和正常生理功能等作用的声称，同时规定了营养成分功能声称应当符合的条件。各营养成分的定义、测定方法、标示方法和顺序、数值的允许误差等应当符合《食品营养成分标示准则》的规定。

营养质量常常通过测定某种特殊营养成分的含量来进行评价。在很多情况下，这并不充分，还必须采用动物饲养实验或相当的生物试验方法。例如在评价蛋白质资源的营养质量时，蛋白质含量、氨基酸组成、消化性能以及氨基酸吸收之间的相互作用等均会影响生理价值的测定。

人们不仅要了解食品中含有哪些营养成分，更要重视从食品原料的获得、加工、贮藏和制备全过程中保存营养成分，关键是掌握在不同条件下有关营养成分稳定性的知识。例如维生素 A 对于酸、空气、光和热是高度敏感的（极不稳定）；另一方面，维生素 C 在酸中是稳定的，而对于碱、空气、光和热是不稳定的。

（三）安全质量

食品的安全质量是指食品必须是无毒、无害、无副作用的，应当防止食品污染和有害因素对人体健康的危害以及造成的危险性，不会因食用食品而导致食源性疾病的发生，人体中毒或产生任何危害作用。在食品加工中，食品安全除与我国常用名词"食品卫生"为同义词外，还应包括因食用而引起任何危险的其他方面，如食品（果冻）体积太大引起婴儿咽噎危险、食品包装中的玩具使儿童误食等。

导致食品不安全的因素有微生物、化学、物理等方面，可以通过食品卫生学意义的指标来反映。微生物指标有细菌总数、致病菌、霉菌等；化学污染指标有重金属如铅、砷、汞等，农药残留和药物残留如抗生素类和激素类药物等；物理性因素包括食品在生产加工过程中吸附、吸收外来的放射性核素，或混入食品的杂质超标，或食品外形引起的食用危险等安全问题。此外，还有其他不安全因素，如疯牛病、禽流感、甲型 H1N1 流感、假冒伪劣食品、食品添加剂的不合理使用以及对转基因食品的疑虑等。

（四）保藏期

食品营养丰富，因此其极易腐败变质。为了保证持续供应和地区交流中最重要的食品品质和安全性，食品必须具有一定的保藏性，在一定的时间内食品应该保持原有的品质或加工时的品质或质量。食品的品质降低到不能被消费者接受的程度所需要的时间，被定义为"食品货架寿命"或"货架期"，货架寿命就是商品仍可销售的时间，又被称为"保藏期"或"保存期"。

目前，食品零售包装上已被广泛地加上某种类型的日期系统，因此消费者可对自己所购买产品的货架寿命或新鲜程度有一些了解。现已有类型的编码日期，包括生产日期（"包装日期"）、产品被陈列的日期（"陈列日期"）、产品可以销售的日期（"在……前销售"）、有最好质量的最后日期（"最佳使用日期"）及产品不能再食用的日期（"在……前使用"或"终止日期"）等。

一种食品的货架寿命取决于加工方法、包装和贮藏条件等许多因素，如牛乳在低温下比室温贮藏的货架寿命要长；罐装和高温杀菌牛乳可在室温下贮藏，并且比消毒牛乳在低温贮藏的货架寿命更长。食品货架寿命的长短可依据需要而定，应有利于食品贮藏、运输、销售和消费。食品货架寿命是生产商和销售商必须考虑的指标以及消费者选择食品的依据之一，这是商业化食品所必备和要求的。食品的包装上都要标明相应的生产日期和保藏期。

由食品质量要素来评定食品质量主要是以相应的食品质量标准为依据。对应食品质量评判和控制，相应有国际、国家和企业等不同层次的质量标准，许多出口食品必须符合国际食品质量标准。

第三节 食品的变质及其控制

一、食品的变质

食品含有丰富的营养成分，在常温下贮存时，极易发生色、香、味的劣变和营养价值降低的情况，如果长时间放置，还会发生腐败，直至完全不能食用，这种变化就称作"食品的变质"。

所有的食品在贮藏期间都会经历不同程度的变质。食品变质主要包括食品外观、质构、风味等感官特征，营养价值、安全性和审美感觉的下降等。食品感官质量的变化容易被人们发现，但食品的营养质量、卫生质量和耐藏性能的变化却不总能被感官觉察，需借助于物理和/或化学的方法测定，进而加以判断。在食品加工中引起食品变质的原因主要有下列三个方面：

（一）微生物的作用

微生物大量存在于空气、水和土壤中，存在于加工用具和容器中，存在于工作人员的身上，附着在食品原料上，可以说无处不有，无孔不入。在食品的加工、贮藏和运输过程中，一些有害微生物在食品表面或内部繁殖，引起食物的腐败变质或产生质量危害，是导致食品变质的主要原因。

微生物的种类成千上万，细菌、酵母和霉菌是引起食品腐败的主要微生物，尤以细菌引起的变质最为显著。这些微生物能产生不同的酶类物质，因此可分解和利用食品的营养成分。例如有些微生物可分泌各种碳水化合物酶使糖类发酵，并使淀粉和纤维素水解；一些微生物能分泌出脂肪酶使脂肪水解而产生酸败；产生蛋白酶的微生物能消化蛋白质并产生类似氨的臭味。有些微生物会产酸而使食品变酸，有些会产生气体使食品起泡，有些会形成色素和使食品褪色，有少数还会产生毒素而导致消费者中毒。食品在自然条件下受到污染时，各种类型的微生物同时存在，从而导致各种变化可能同时发生，包括产酸、产气、变臭和变色。

常见的易对食品造成污染的细菌有假单胞菌、微球菌、葡萄球菌、芽孢杆菌与芽孢梭菌、肠杆菌、弧菌及黄杆菌、嗜盐杆菌、乳杆菌等。霉菌对食品的污染多见于南方多雨地区，目前已知的霉菌毒素有 200 种左右，与食品质量安全关系较为密切的有黄曲霉毒素、赭曲霉毒素、杂色曲霉素等。霉菌及毒素污染食品后可引起人体中毒，或降低食品的食用价值。据不完全统计，全世界每年平均有 2% 的化合物由于霉变不能食用而造成巨大的经济损失。

但并不是所有的微生物都会致病或导致食品腐败，实际上某些类型的微生物的生长是人们所期望的，它们被用来生产和保藏食品，例如，柠檬酸、氨基酸等的发酵，酒类、酱菜、酱油等的生产，干酪、乳酸饮料等的生产都是利用有益微生物及其代谢产物来为人类服务。

（二）酶的作用

同微生物含有能使食品发酵、酸败和腐败的酶一样，食物原料的生命体中也存在很多的酶系，其活力在收获和屠宰后仍然存在。例如，苹果、梨、杏、香蕉、葡萄、樱桃、草莓等水果和一些蔬菜中的多酚氧化酶，诱发酶促褐变，对加工中产品色泽的影响很大。又如动物死后，动物体内氧化酶产生大量酸性产物，使肌肉发生显著的僵直现象；自溶也是酶活动下出现的组织或细胞解体的一种现象。

食品原料中还可能含有脂肪酶、蛋白酶、氧化还原酶等，这些酶的活动能引起食物或食品的变质。除非已由热、化学品、辐射和其他手段对食物或食品中的酶加以钝化，否则就会继续催化化学反应。

酶的活性受温度、pH 值、水分活度等因素的影响。如果条件控制得当，酶的作用通常不会导致食品腐败。经过加热杀菌的加工食品，酶的活性被钝化，可以不考虑由酶作用引起的变质。但是如果条件控制不当，酶促反应过度进行，就会引起食品的变质甚至腐败。比如果蔬的后熟作用和肉类的成熟作用就是如此，当上述作用控制到最佳点时，食品的外观、风味和口感等感官特性都会有明显的改善，但超过最佳点后，就极易在微生物的参与下发生腐败。

（三）物理化学作用

食品在温度、水分、氧气、光及时间的作用下发生的物理变化和化学变化，也是造成食品变质的因素。

1. 温度

温度是影响食品质量变化最重要的环境因素。温度因提供物质能量，可使分子或原子运动加快，反应时增加碰撞概率而使反应速度提高。温度与反应速率常数呈指数关系，反应速率随温度的变化可用温度系数 Q10 表示。

温度系数 Q10 表示温度每升高 10℃时反应速度所增加的倍数。换言之,温度系数表示温度每下降 10℃反应速度所减缓的倍数。酶促反应和非酶促反应的温度系数不同。

温度除对微生物产生作用外,如果不加控制也会导致食品变质。过度受热会使蛋白质变性、乳状液破坏、因脱水使食品变干以及破坏维生素,挥发性风味物质受热易丧失。未加控制的低温环境也会使食品变质,如水果和蔬菜冻结,它们会变色,改变质构,外皮破裂,易被微生物侵袭。冻结也会导致液体食品变质,如冻结导致牛乳脂肪球膜破裂,造成奶油上浮。

2. 水分

水分不仅影响食品的营养成分、风味物质和外观形态的变化,而且影响微生物的生长发育和各种化学反应,过度吸水或脱水还会导致食品发生实质性的改变。化学变化和微生物生长都需要水分,过量的水分含量会加速这些变质。食品在失水和复水时也会发生外观和质构的变化。

环境的相对湿度稍有变化而产生的表面水分变化会导致成团、结块、斑驳、结晶和发黏等表面缺陷。食品表面的极微量的冷凝水可成为细菌繁殖和霉菌生长的重要水源,这种冷凝并不一定来自外界。在防潮包装中,水果或蔬菜通过呼吸作用或蒸发放出水分,这些水分被包装截留,供给有破坏作用的微生物生长;没有呼吸作用的食品在防潮包装中也会散发出水分,从而改变包装内部的相对湿度,特别是贮藏湿度降低时,这些水分又重新凝结在食品表面。

3. 氧气

空气中 20%的氧气具有很强的反应性,对许多食品产生实际的变质作用。如在空气和光的条件下,由氧化反应引起变质,发生油脂的氧化酸败、色素氧化变色、维生素(特别是维生素 A 和维生素 C)氧化变质等。除了因化学氧化作用对食品营养物质、色泽、风味和其他食品组分产生破坏作用外,氧气也是霉菌生长所必需的。所有的霉菌都是需氧的,这也是霉菌会在食品和其他物质的表面或裂缝中生长的原因。

4. 光

光的存在能破坏某些维生素,特别是维生素 B_2、维生素 A、维生素 C,而且能破坏许多食品的色泽。光还能导致脂肪氧化和蛋白质变化,如瓶装牛乳暴露在阳光下会产生"日光味"。

组成自然光或人造光的所有波长的光并不被食品组分等量地吸收或者具有相同的

破坏性。在自然光或荧光下，香肠和肉色素的表面变色情况是不同的。敏感性食品通常采用不透明的包装，或者将化合物包入透明薄膜中以除去特定波长的光。

5. 时间

微生物的生长、酶类的活动、食品组分的非酶反应、挥发性风味物质的丧失以及湿度、水分、氧和光的作用都是随时间而进展的。几乎所有的物理化学变化都是随时间的增长而严重，即食品质量随时间而下降。这说明食品加工可延长食品的货架寿命，但不能无限延长，最终任何食品的质量都会下降。

当然也有些食品，如干酪、香肠、葡萄酒和其他发酵食品加工后贮放一段时间，即陈化后可使风味更好、品质提高。但陈化过的食品在贮藏中同样会产生质量下降现象。

6. 非酶反应

虽然食品变质的化学反应大部分是由于酶的催化作用，但也有一部分是与酶无直接关系的化学反应。例如，食品中有蛋白质和糖类化合物存在时，在受热时更易发生美拉德反应引起褐变；再如油脂的酸败、番茄红素的氧化，甚至罐头内壁的氧化腐蚀和穿孔，都是与酶无关的化学反应。

除了上述原因之外，还有很多其他因素也会导致食品的变质。例如昆虫、寄生虫和老鼠等的破坏力也较强；重物的挤压以及机械损伤，轻的会引起食品呼吸强度加强，腐败速度加快，重者使食品变形或破裂，导致汁液流失和外观不良，给微生物侵入、污染食品创造时机，加速食品变质。

引起食品变质的因素通常不是孤立作用的。组成食品的高度敏感的有机及无机物质和它们之间的平衡、食品的组织结构及分散体系都会受到环境中的几乎每一个变量的影响。例如，细菌、虫和光都能同时起作用，使食品在产地或仓库内变质；热、水分和空气都同时影响细菌的生长和活力以及食品中酶的活力。在任一时间都会发生多种形式的变质，视食品和环境条件而定。有效的加工保藏方法必须消除所有这些已知的影响食品质量的因素，或使它们的影响降到最低。如就肉罐头而言，肉装在金属罐内不仅是为了防虫、防鼠，而且可以避光，因为光会使肉变色，可能破坏其价值；罐头还可以保护肉不致脱水；封罐前抽真空或充氮以除去氧气，然后密封罐并加热以杀死微生物，破坏肉中的酶；加工后的罐头及时冷却并放在阴凉室内贮存，以避免嗜热型微生物的生长。因此，加工保藏方法必须考虑与食品变质有关的所有主要因素，这些因素需要逐个认真考虑。

二、食品变质的控制措施

食品质量在贮藏过程中的变化是难以避免的，但其变化的速度受到多种环境因素的影响，并遵循一定的变化规律。人们通过控制各种环境因素和利用其变化规律就可以达到保持食品质量的目的。

如果想短时间保存食品，应尽量保持食品的鲜活状态，原料一经采收或屠宰后即进入变质过程，食品品质会随贮藏时间的延长而变差。例如成熟期采收的冬瓜在通常环境条件下放置数十天仍可保持鲜态，煮熟的瓜片失去了果蔬的耐贮性、抗病性，在夏天通常一夜就变馊了；家畜、家禽和鱼类在屠宰后，组织死亡，但细胞中的生化反应仍在继续，存在于这些产品中的微生物是活着的，会导致这些动物性原料容易发生腐败变质。原料在采收或屠宰后通过清洗、冷却等处理可在短时间内延缓变质，几个小时或者几天后，由于微生物和天然食品酶类不会被破坏或者没有全部失活，很快就又会起作用了。

对于食品的长期保藏来说，有必要采取进一步的预防措施，主要是使微生物和酶失活或受到抑制，以及降低或消除引起食品腐败的物理化学反应。控制食品变质的方法越来越多，最重要的手段是温度、干燥、酸、糖、盐、烟熏、空气、化学物质、辐射和包装等。

食品加工就是要针对引起食品变质的原因，采取合理可靠的技术和方法来控制腐败变质，以保证食品的质量和达到相应的保藏期。对于由化学变化引起的食品变质如氧化、褐变，则可以根据化学反应的影响因素来选择化学保藏剂。对于生物类食品或活体食物类，加工与保藏主要有以下四大途径：

（一）维持食品最低生命活动

新鲜果蔬是有生命活动的有机体，当保持其生命活动时，果蔬本身则具有抗拒外界危害的能力，因而必须创造一种恰当的贮藏条件，使果蔬采后尽可能降低其物质消耗的水平，如降低呼吸作用，将其正常衰老的进程抑制到最缓慢的程度，以维持最低的生命活动，减慢变质的进程。湿度是影响果蔬贮藏质量最重要的因素，同时控制贮藏期间果蔬贮藏环境中适当的氧气和二氧化碳等气体成分的组成，是提高贮藏质量的有力措施。

（二）抑制微生物和酶的活动

利用某些物理、化学因素抑制食品中微生物和酶的活动，这是一种暂时性的保藏方法，如降低温度（冷藏和冷冻）、脱水降低水分活度、利用渗透压、添加防腐剂、抗氧化剂等手段属这类保藏方法。这样的保藏期比较有限，易受到贮藏条件的影响。解除这些因素的作用后，微生物和酶即会恢复活动，导致食品腐败变质。

（三）利用发酵原理

发酵保藏又称生物化学保存，是利用某些有益微生物的活动产生和积累的代谢产物如酸、酒精和抗生素等来抑制其他有害微生物的活动，从而达到延长食品保藏期的目的。食品发酵必须控制微生物的类型和环境条件，同时由于本身有微生物存在，其相应的保藏期不长，且对贮藏条件的控制有比较高的要求。

（四）无菌原理

即杀灭食品中的致病菌、腐败菌以及其他微生物或使微生物的数量减少到能使食品长期保存所允许的最低限度，例如罐头的加热杀菌处理。此外，还有原子能射线辐射杀菌、过滤除菌和利用压力、电磁等杀菌手段，其中一些方法由于没有热效应，又被称为冷杀菌。通常，这样的杀菌若条件充足，食品将会有很长的货架寿命。

第二章　食品加工高新技术

第一节　食品微波处理技术

微波是指波长在 1mm～1m（其相应频率为 300MHz～300000MHz）的电磁波，通常应用于雷达、广播、电视、通信及测量等技术中。微波与无线电波、电视信号、雷达通信、红外线、可见光一样，均属电磁波。为了防止民用微波技术对军用微波雷达、卫星通信广播产生干扰，国际上规定供工农业、科学及医学等民用的微波有四个波段。其中 915MHz 和 2450MHz 两个频率被广泛应用于食品工业中。

一、微波加热原理

（一）微波的特性

微波频率范围介于远红外线和无线电波之间，可与雷达波重叠。它具有反射、穿透、干涉、衍射、偏振以及伴随着电磁波进行能量传输等波动特性，因此微波的产生、传输、放大、辐射等问题也不同于普通的无线电、交流电。微波在传输过程中具有以下四个特性：

1. 直线特性

微波像可见光一样进行直线传播，在自由空间以光速传播。

2. 反射特性

微波遇到金属之类的物体会像遇到镜子一样产生反射，其反射方向符合光的反射规律。

3. 穿透特性

微波可以穿透玻璃、陶瓷、塑料、纸质等绝缘物体，这些物质介质损耗小、分散系数低，微波在其中间传播时，只有少量的微波辐射能被吸收，因此能量损耗很少。

4. 吸收特性

微波在类似水等极性介质中传播时，大量的微波能很容易被吸收而变成热能，使物料温度升高。

（二）微波的介电物质

微波辐射是非电离性辐射，当微波在传输过程中遇到不同的材料时，所产生反射、吸收、穿透等作用的程度和效果取决于材料本身的固有特性，如介电常数、介质损耗、比热容、形状、含水量等。

在微波加工食品系统中，常用的材料有导体、绝缘体、介质等几类。

1. 导体

一定厚度以上的导体，如铜、银、铝之类的金属，微波不能进入，只能在其表面反射，因此常利用导体反射微波的这种性质来传播微波能量。例如微波装置中常用的波导管，就是矩形或圆形的金属管，通常由铝或黄铜等金属材料制成，它们像光纤传导光线一样，是微波的通路。

2. 绝缘体

绝缘体是指可透过微波而对微波吸收很少的材料，即介质损耗很小。在微波加热系统中，常使用玻璃、陶瓷、聚四氟乙烯、聚丙烯塑料之类的绝缘体，它们常作为包装和反应器的材料，或作为家用微波炉烹调用的食品器具。

3. 介质

又称介电物质，它的性能介于导体和绝缘体之间，具有吸收、穿透和反射的性能。介质通常就是被加工的物料，它们不同程度地吸收微波的能量，这类物料也称为有耗介质。特别是含水、盐和脂肪的食品物料，它们不同程度地吸收微波能量并将其转变为热量。

（三）微波加热原理

微波对食品加热主要有两种机制，即离子极化和偶极子转向，其中偶极子转向起到主要作用。

1. 离子极化作用

溶液中的离子在电场的作用下产生离子极化。离子带有电荷从电场获得动能，相互发生碰撞作用，可以将动能转化为热能。溶液中和存在于毛细管中的液体都能发生这种离子极化，但与偶极子转向产生的热量相比，离子极化的作用较小，其产生热量的多少主要取决于离子的迁移速度。

2.偶极子转向作用

有些介电物质，分子的正负电荷重心不重合，即分子具有偶极矩，这种分子称为"偶极分子"。偶极分子虽然不带电，但分子出现极性。在没有电场的作用下，这些偶极子在介质中做杂乱无规则的运动。当介质处于直流电场作用下时，偶极子就重新进行排列。带正电的一端朝向负极，带负电的一端朝向正极，这样一来，杂乱无规则的偶极子变成了有一定方向的有规则的偶极子，即外加电场给予介质中偶极子以一定的"位能"。例如，微波频率达到2450MHz时（相当于使水分子在1s内发生180°旋转来回转动25亿次），分子发生高频转动摩擦产生大量的热能。

当微波照射到食品时，其偶极性的食品成分，如水、蛋白质、脂肪等分别会在电场中形成有方向性的排列。若改变电场的方向，则偶极子的取向也随之改变。此时分子与分子之间因转动产生了类似摩擦的作用，使分子获得能量，并以热的形式表现出来，即是微波加热食品的原理。

（四）微波加热食品的特点

微波加热的优点来自其不同于其他加热方法的独特加热原理。目前，传统的加热方式都是先加热物体的表面，然后热量由表面传到内部，而用微波加热，则可直接加热物体的内部，因此称之为"内部加热法"。

1.微波加热食品的优点

（1）加热速度快，易控制

微波是利用被加热物体自身作为发热体而进行内部加热，不需要靠热传导的作用，仅需传统加热方法的$1/10 \sim 1/100$的时间，因而提高了生产效率。只要切断电源，马上可停止加热，容易控制。

（2）加热较均匀

微波加热时，物体各部位不论形状如何，通常都能均匀渗透微波产生热量，因此均匀性大大改善。微波加热还具有自动平衡的性能，可避免外焦内生、外干内湿的现象，提高了产品质量，有利于食品物料品质的形成。

（3）食品成分对微波能的选择吸收性

干制食品的最后干燥阶段，应用微波作为加热源最有效。用微波干燥谷物，由于谷物的主要成分淀粉、蛋白质等对微波的吸收比较小，谷物本身温升较慢。但谷物中的害虫及微生物一般含水分较多，介质损耗因子较大，易吸收微波能，可使其内部温度急升而被杀死。如果控制适当，既可达到灭虫杀菌的效果，又可保持谷物的原有性质。微波还可用于不同食品的水分调平作用，保证产品质量一致。

（4）有利于保持产品质量

微波加热食品的温度一般不超过 95℃，同时微波升温速度较快，所以微波加热具有低温、短时的特点，因此不仅安全，而且能保持食品营养成分不流失、不被破坏，有利于保持产品原有品质，色、香、味、营养素等损失较少，对维生素 C、氨基酸的保持极为有利。

（5）加热效率高

微波加热设备虽然在电源部分及电子管本身要消耗掉一部分的能量，但由于加热作用源自加工物料本身，基本上不辐射散热，所以热效率可高达 80%。

2. 微波加热食品的缺点

（1）微波加热不能让食品变得金黄香脆

烘烤加热食品时由于表面温度高，可产生美拉德反应，从而使食品生成诱人的颜色和香味，但微波加热是使食品内外同时升温，表面温度不高，因此不能让食品变得金黄香脆。

（2）微波加热食品并不是绝对均匀

由于不同的食品成分对微波的吸收程度并不一致，同时微波磁场的空间分布也并不完全均匀一致，电磁波在部分位置会有叠加，部分位置会有减弱，存在着"冷点"和"热点"。因而，微波杀菌的可靠性还不如传统的热蒸汽杀菌。

（3）微波穿透食品的距离有限

微波在介质中的穿透深度与微波波长成正比，与频率成反比，所以工业上采用915MHz，比 2450MHz 的家用微波炉的穿透深度更大。微波通常能穿透食品的深度为3.5cm～5cm，微波发生器一般均匀分布在食品的各个方向，因此微波处理的食品厚度不能超过 10cm，食品深处的部分就要通过传导来加热了。

（4）不能将金属物品放在微波炉中

微波不能穿透金属，遇到金属物体会被反射回去，这样不仅阻挡了微波加热食物，反射的电磁波还会损坏微波炉中的磁控管等电子零部件。有些种类的食品的外包装材料是采用铝箔或锡箔，这类包装的食品就不能采用微波加热。

（五）微波杀菌原理

微波能量对微生物的杀灭机理，主要是使食品中的微生物在微波热效应和非热效应下，使其内部的蛋白质等生理活性物质发生变异或破坏，从而导致生物体生长发育异常，直至死亡。

1. 微波的热效应理论

微波能的穿透性使食品表里同时加热，附在食品中的生物都含有较高的水分，会吸收微波能，发生自身的热效应和食品成分的有耗介质的热效应，通过热传导共同作用于微生物，使其快速升温，使微生物体内的蛋白质、核酸等分子产生破坏作用而失去生理功能，从而破坏生物的生存繁殖条件导致死亡。

2. 微波的非热效应理论

微波与一般加热灭菌方式相比，在一定温度下，细菌死亡时间缩短或在相同条件下灭菌致死温度降低，这个事实仅用热效应理论是无法解释的。1966 年，奥尔森（Olsen）等人提出了非热效应理论，他们指出，微生物在微波场中比其他介质更容易受微波的作用，微波的作用不仅会使微生物的生理活性物质发生变化，同时，电场也会使细胞膜附近的电荷分布改变，导致膜功能障碍，使细胞的正常代谢功能受到干扰破坏，使微生物细胞的生长受到抑制，甚至停止生长或使之死亡。微波还能使微生物细胞赖以生存的水分活度降低，破坏微生物的生存环境。另外，微波还导致细胞脱氧核糖核酸和核糖核酸分子结构中的氢键松弛、断裂和重新组合，诱发基因突变，染色体畸变，从而中断细胞的正常繁殖能力。

二、微波在食品工业中的应用

微波技术作为一种现代高新技术，在食品中的应用越来越广泛，如食品的烹调、解冻、干燥、焙烤、膨化、杀菌等。

（一）微波烹调

微波炉烹调食品，具有方便、快速、营养损失小、产品鲜嫩多汁的特点。因此，家用微波炉的普及速度很快。许多食品生产厂家正把他们的食品开发目标转移到微波食品上来。开发的微波食品包括耐贮精制小菜、冷藏小包装、速熟小菜、配菜和甜食、耐贮预煮汤料、炸马铃薯食品、脆花生糖、爆玉米花、冷冻薄烤饼等。微波烹调食品的方法主要有两种，一种是家庭或食堂自己配料烹调，这种方法具有时间短的优点；另一种是食品公司利用微波炉加热杀菌生产的微波方便食品，食用前只需将产品放入热水中稍稍加热即可。

随着微波食品的开发，大量不同型号的微波炉和与之配套的各类器皿纷纷问世，家用微波炉的常见容积为 10L～40L，最大功率在 400W～1200W。

（二）微波干燥

微波干燥具有一般干燥无法比拟的优点（内部加热，受热均匀，干燥速度快，营养损失小，外表不结壳等），因此在食品干燥中发展很快，常用于干燥面条、调味品、添加剂、蔬菜、菇类、肉脯、茶叶等。

微波干燥方法可分为常压微波干燥、微波真空干燥和微波冷冻干燥。尽管微波干燥的效率很高，但完全应用微波干燥，其干燥成本比较高。为充分发挥微波干燥无可比拟的优点，又不使干燥成本太高，工业上通常采用微波干燥同各种常规干燥方式相结合的干燥方法。

1. 微波-热风干燥技术

微波干燥适用于低水分含量（<20%）物料的干燥，如果食品的水分含量过高，利用微波进行干燥时易导致食品过热，影响产品的质量。由于热风干燥可有效排除物料表面的自由水分，而微波干燥可有效地排除食品内部水分，两种方法相结合，可发挥各自的优点，使干燥成本下降。

2. 微波-真空干燥技术

把微波干燥和真空干燥技术相结合，真空干燥由于有一定的真空度，水分扩散速率加快，物料是在较低的温度下进行脱水干燥的，较好地保持了物料的营养成分。微波可为真空干燥提供热源，克服了真空状态下常规热传导速率慢的缺点。微波-真空干燥技术适合热敏性物料的干燥处理。

3. 微波-冷冻干燥技术

冷冻干燥是指冻结物料中的冰直接升华为水蒸气的干燥过程。在干燥时需要外部加热提供升华的热量，升华的速率取决于热量的提供。而微波加热传导率高，并且有针对性地对冰加热，已干燥的部分很少吸收微波能，从而提高了干燥速率，缩短了干燥时间。微波-冷冻干燥适用于高附加值的产品。

（三）调温和解冻

冷冻食品在加工前经常需要调温或解冻。调温是将冷冻的固态食品的温度升高到冰点以下的过程，例如-4℃～-2℃，目前常用来代替完全解冻。传统的解冻方法有自然解冻、空气解冻和热水解冻，自然解冻和空气解冻速度慢，所需时间长，食品容易受污染；热水解冻虽然用时较短，但食物中的水和蛋白质以及其他可溶性物质溶于水，从而导致质量损失，同时也易受污染导致品质降低，而使用微波解冻不用打开产品包装，并可在数分钟内完成，能够缩短解冻时间，同时减少汁液流失，占用空间小，减少生产复杂性，缩短微生物繁殖与生化反应的时间，保持食品的新鲜度。

微波技术广泛应用于冷冻肉、冷冻水产品、冷冻果蔬、冷冻米面及其制品的调温和解冻。但是微波解冻在实际应用中存在易加热不均匀，部分出现过热的现象，部分还处于冻结状态，无法实现均匀解冻，可采用间歇式微波处理或与传统热处理方式相结合的方法来解决。微波解冻时也可辅以冷空气，防止调温期内表面解冻，产品汁液损失可减少5%～10%。

影响微波解冻的因素主要有以下几方面：

1. 频率

微波的频率越高，其加热速度越快，但其穿透深度越小。在解冻时，频率不宜选得太高，一般宜选用915MHz的频率，对于厚度较大的冷冻产品，有时甚至采用896MHz的频率。低频率的微波穿透深度可达20cm，而2450MHz的微波穿透深度只有10cm。

2. 产品温度

微波的穿透深度与温度有关。随着温度的升高，由于其常数增加，穿透深度下降。不同的温度阶段，其升温所需的热量不同。将冻牛肉从-3℃升温至-2℃所需的热量是从-4℃升温至-3℃的近2倍。但在温度升到-1℃附近时，升温所需的热量又很快下降。因此，在-1℃附近升温应仔细操作，否则产品的质量会有所下降。

（四）微波杀菌和保鲜

热杀菌是食品工业中广泛应用的一种杀菌技术，通常在121℃下杀菌15min～30min，121℃的高温条件会对食品品质产生一定的负面影响，例如肉制品会产生不良的高温蒸煮味、果蔬组织易于软化、维生素C等易受热损失等。微波杀菌较之传统热杀菌方法，具有速度快、温度低、效率高、可穿透包装物（袋、瓶）杀菌以避免二次污染等优点。

1. 微波杀菌技术在液态食品中的应用

微波杀菌技术应用于液态食品，如啤酒、乳制品、酱油、黄酒、果蔬汁饮料等。饮料和酱油制品经常发生霉变、细菌含量超标现象，采用高温加热杀菌时易造成营养破坏和风味损失。采用微波杀菌技术，具有温度低、速度快的特点，既能杀灭饮料、酱油中的各种细菌，又能防止其贮藏过程中的霉变，而且经微波辐照处理后，各项感官指标、理化指标均不受影响。

2. 微波杀菌技术在肉制品中的应用

肉制品的杀菌常采用高温高压杀菌，杀菌时间长，能耗大，营养成分和风味物质损失大，易产生不良的蒸煮味，而利用微波杀菌不仅速度快，效果好，而且能较好地解决软包装肉制品的杀菌问题。微波技术在腌腊肉鸡制品、兔肉、卤猪肝、牛肉干、海蜇、淡水鱼等肉制品加工中均得到广泛研究，目前，南京盐水鸭和扬州风鹅等肉制品基本全部采用微波进行灭菌。

3. 微波杀菌技术在蛋糕、面包等烘烤食品中的应用

蛋糕、面包等烘烤食品的保鲜期很短，在流通和消费期间仅 2d～3d，新鲜度就会大大下降，若存放 5d～6d 就会有霉点出现。面包发霉的根本原因是常规烘烤加热过程是由表及里，面包中心温度往往未超过 95℃或者温度达到但持续时间不够，这样细菌不但没因烘烤而致死，反而因加热引起繁殖，所以霉点通常是发生在面包内部，而不一定在面包的表面。微波对蛋糕、面包等烘烤食品的穿透性，能在烘烤同时杀灭其内部细菌，不存在常规加热烘烤的弊病。瑞典用 2450MHz、80kW 的微波面包杀菌防霉机，用于每 1h 加工 4400 磅面包片的生产线上。经微波处理后，面包片的温度由 20℃上升到 80℃，时间仅需 1min～2min，处理后的面包片的保存期由原来的 3d～4d 延长到 30d～60d。

4. 微波杀菌技术在果蔬制品中的应用

为了延长果蔬制品的贮藏期，通常采用热力杀菌方法，但产品经过高温长时间的热处理后，其风味和口感变差，特别是硬度和脆度降低，采用微波杀菌保鲜技术则能有效地解决该问题。目前已有多种果蔬制品成功采用微波杀菌，如酱菜、榨菜、低糖果、泡菜、紫菜等都适于微波杀菌。

5. 微波杀菌技术在天然营养食品中的应用

在天然营养食品的加工过程中，为保持各种营养成分不受破坏，通常采用真空冷冻干燥和射线杀菌工艺，处理温度不宜超过 60℃，效率低，能耗大，成本高。而运用微波

辐照技术，温升快、时间短、加热均匀、节省电力 80％以上，产品质量好，可以有效地保存其中的营养成分和活性物质，这是其他加工方法所不能比拟的。

6. 微波杀菌技术在食品包装材料中的应用

食品包装用纸消毒的常规方法为化学或物理方法，但会损伤纸的品质，尤其是化学方法，因其会产生臭味而降低纸的使用价值。用紫外线杀菌仅能杀灭包装纸表面的大部分细菌，效果也不理想。而微波对冰棍纸和糖纸则能在极短时间内杀灭纸面表层的微生物，无菌实验也证明其效果良好。

应用微波杀菌技术时应注意，微波食品并不是绝对均匀，存在于食品内不同部位的相同微生物有不同的死亡程度，因此设法均匀加热是确保杀菌效果的最重要前提。另外，软包装食品在微波杀菌时需要达到鼓袋状态，其鼓胀程度应严格控制，鼓袋程度小说明杀菌温度不够，鼓袋程度大则易将袋子胀破。

（五）微波烘烤

微波对食品物料加热升温超过 120℃即可产生焙烤效果。微波烘烤的产品其营养价值较传统方法高，因微波烘烤时的温度较低，时间较短，营养成分损失小。由于其烘烤过程是内外同时加热，所以烘烤时间可以减少至几分钟，物料内部的水分迅速汽化并向外迁移，形成无数条微小的孔道，使得产品结构疏松。

由于微波烘烤时其表面温度太低，不足以产生足够的美拉德反应，产品表面缺少人们所喜爱的金黄色。因此，微波烘焙常和传统加热结合使用，两种方法可以同时进行，也可分步完成。一般的做法是，先用微波焙烤，再用传统方法在 200℃～300℃下烘烤 4min～5min，或再用红外加热上色。

（六）微波膨化

利用微波的内部加热特性，使得物料内部迅速受热升温，产生大量的蒸汽往外冲出，形成无数的微小孔道，使物料组织膨胀、疏散。只要选择适当的原料和工艺，即可获得良好的膨化效果。以糯米微波膨化为例，物料膨化的主要动力是其内部所含的水分，当米胚受微波辐射后迅速升温，在短时间内使物料纤维组织结构间的水分汽化成蒸汽，产生强大的蒸汽压差，并促使纤维结构间距膨大，水分逸出而物料定型呈微孔而得到膨化产品。在一定辐射时间下，微波功率越大，膨化率及膨化速率也越大。微波膨化食品加工应用有：淀粉膨化食品加工、蛋白质食品膨化加工和瓜果蔬菜类物料的膨化。微波膨化产品可以克服传统膨化产品的油炸加工含油量高的缺点，能完整地保存原有的各种营养成分，将是膨化食品的一个重要发展方向。

（七）微波辅助萃取

萃取是食品、制药及化工生产中广泛采用的一种单元操作，传统的萃取方法主要用水或其他有机溶剂作为介质，提取速度慢，耗时长，污染大。微波萃取能克服所有传统工艺缺点，具有节时、高效、安全无污染、能耗低、易生产操作的优点，广泛应用于苷类、黄酮类、萜类、多糖、生物碱等成分的提取。

微波辅助萃取机理主要是利用微波辐射通过高频电磁波穿透萃取介质，到达物料内部维管束和腺胞系统，由于吸收微波能，细胞内部温度迅速上升，使其细胞内部压力超过细胞壁膨胀承受能力，细胞破裂，细胞内有效成分自由流出，在较低的温度条件下被萃取介质捕获并溶解，通过进一步过滤和分离，获得萃取物料。另外，微波所产生的电磁波加速被萃取部分成分向萃取溶剂界面的扩散速率，缩短了萃取组分分子由物料内部扩散到萃取溶剂界面的时间，从而使萃取速率提高数倍，同时还降低了萃取温度，保证了萃取质量。

第二节　食品超高压处理技术

"超高压技术"是指将食品密封在容器内，在常温或稍高于常温（25℃～60℃）下进行 100MPa～600MPa 的加压处理，维持一定时间后以达到对食品进行杀菌、改性和加工的目的。超高压加工食品是一个物理过程，当食品物料置于超高压环境下，可导致蛋白质、淀粉等分别发生变性、酶失去活性，细菌等微生物被杀死，但超高压对形成蛋白质等高分子物质以及维生素、色素和风味物质等低分子物质的共价键无任何影响，因此超高压食品很好地保持了原有的营养价值、色泽和天然风味。

一、超高压技术处理食品的特点

（一）营养成分损失少，原有色、香、味保留效果好

超高压处理只对生物高分子物质立体结构中非共价键结合产生影响，对共价键影响较小，不会使食品色、香、味等物理特性发生变化，加压后的食品最大程度地保持了原

有的生鲜风味和营养成分。

（二）产生新的组织结构，不会产生异味

超高压作用于肉类和水产品，提高了肉制品的嫩度和风味；作用于原料乳，有利于干酪的成熟和干酪的最终风味，还可使干酪的产量增加；作用于豆浆，会使豆浆中蛋白质颗粒解聚变小，从而有利于人体的消化吸收。

（三）原料利用率高，无"三废"污染

超高压食品的加工过程是一个纯物理过程，瞬间压缩，作用均匀，操作安全，耗能低。该过程从原料到产品的生产周期短，生产工艺简洁，污染机会相对减少，产品的卫生水平高。

（四）具有冷杀菌作用

超高压处理是一种冷杀菌。传统的冷杀菌方式是化学处理（即添加防腐剂），超高压与之相比优势明显：超高压处理不添加任何化学物质，避免了食品中的化学残留；化学防腐剂使用频繁会产生抗性；超高压杀菌受环境影响小。

二、超高压杀菌的基本原理

高压杀菌就是将食品物料置于高压装置中加压处理，以达到杀菌要求。高压导致微生物形态结构、生物化反应、基因机制及细胞壁膜发生多方面的变化，从而影响微生物原有的生理活动机能，甚至使原有功能破坏或发生不可逆的变化，从而使高压处理后的食品得以长期保存。

（一）超高压对微生物的影响

实验证明，高压可以引起微生物的致死作用，高压导致微生物的形态结构、生物化学反应、基因机制以及细胞壁膜的结构和功能发生多方面的变化，从而影响微生物原有的生理活动功能，甚至使原有的功能破坏或发生不可逆变化。

1. 超高压灭菌机理

超高压可以破坏细菌的细胞壁和细胞膜，抑制酶的活性和脱氧核糖核酸等遗传物质的复制，破坏蛋白质氢键、二硫键和离子键的结合，使蛋白质四维立体结构崩溃，基本

物性发生变异，产生蛋白质的压力凝固及酶的失活，最终造成微生物的死亡。由于高压处理时料温随着加压（卸压）而升高（降低），一般高压处理每增加100MPa，温度升高2℃～4℃，故近年来也有人认为超高压对微生物的致死作用是压缩热和高压联合作用的结果。

2. 影响超高压杀菌效果的因素

超高压杀菌效果与处理温度、压力大小、加压时间、施压方式、微生物种类、pH值、水分活度和食品组成等许多因素有关。

（1）温度的影响

温度是微生物生长代谢重要的外部条件，受压时的温度对灭菌效果有显著影响。常温以上温度范围内，高压杀菌效果随温度升高而增强。比如一定质量浓度的糖溶液在同样的压力下，杀死同等数量的细菌，温度升高，杀菌效果增强，因为在一定温度下，微生物中的蛋白质和酶等成分会发生一定程度的变性。低温下高压处理也具有较常温下高压处理更好的杀菌效果，因为0℃以下，压力使细胞因冰晶析出而破裂的程度加剧，蛋白质对高压敏感性提高，更易变性，而且发现低温下菌体细胞膜的结构更易损伤。

（2）压力和时间的影响

一定范围内，压力越高灭菌效果越好。相同压力下，灭菌效果随灭菌时间的延长也有一定程度的提高。对于非芽孢类微生物，施压范围为300MPa～600MPa时有可能全部致死。对于芽孢类微生物，有的可在1000MPa的压力下生存，对于这类微生物，施压范围在300MPa以下时，反而会促进芽孢发芽。

（3）施压方式

超高压杀菌方式有连续式、半连续式和间歇式。对于芽孢菌，间歇式循环加压效果好于连续加压。第一次加压会引起芽孢菌发芽，第二次加压则使这些发芽而成的营养细胞灭活。因此，对于易受芽孢菌污染的食物，用超高压多次重复短时处理，杀灭芽孢的效果比较好。

（4）微生物的种类和生长期培养条件

微生物的种类不同，其耐压性不同，超高压杀菌的效果也会不同。革兰氏阳性菌比革兰氏阴性菌对压力更具抗性。和非芽孢类的细菌相比，芽孢菌的芽孢耐压性很强，革兰氏阳性菌中的芽孢杆菌属和梭状芽孢杆菌属的芽孢最为耐压。不同生长期的微生物对超高压的反应不同。一般而言，处于对数生长期的微生物比处于静止生长期的微生物对压力反应更敏感。食品加工中菌龄大的微生物通常抗压性较强。

（5）pH 值的影响

超高压杀菌受 pH 值的影响很大。低 pH 值和高 pH 值环境，都有助于杀死微生物。一方面，压力会改变介质的 pH 值，逐渐缩小适宜微生物生长的 pH 值范围。另一方面，在食品允许的范围内改变介质的 pH 值，使微生物生长环境劣化，也会加速微生物的死亡速率，缩短和降低超高压杀菌的时间及所需压力。

（6）水分活度的影响

食物中的水分活度对微生物的耐压性非常关键。对于任何干物质，即使处理压力再高都不能将其中的细菌杀死，如果在干物质中添加一定量的水分，则灭菌效果大大增强。因此，对于固体和半固体食品的超高压杀菌，考虑水分活度的大小是十分重要的。

（7）食品组成成分的影响

食品的化学成分对杀菌效果也有明显的影响，在营养丰富的环境中，微生物耐压性较强。蛋白质、碳水化合物、脂类和盐分对微生物具有保护作用。研究发现，细菌在蛋白质和盐分浓度高时，其耐压性就高，随着营养成分的丰富，耐压性有增高的趋势。一般来说，蛋白质和油脂含量高的食品杀菌效果差。食品中的氨基酸和维生素等营养物质增强了微生物的耐压性。如果添加脂肪酸酯、蔗糖酯或乙醇等添加剂，将提高加压杀菌的效果。

（二）超高压对食品中酶的影响

酶的化学本质是蛋白质，其生物活性产生于活性中心，活性中心是由分子的三维结构产生的。超高压作用可使维持蛋白质三级结构的盐键、疏水键以及氢键等各种次级键被破坏，导致酶蛋白三级结构崩溃，使酶活性中心的氨基酸组成发生改变或丧失活性中心，从而改变其催化活性。蛋白质的二级和三级结构的改变与体积分数的变化有关，因此会受到高压的影响，而蛋白质的一级结构不受高压作用的影响。另有研究表明，虽然酶活力损失在加压时取决于氧气的体积分数，但活性中心的氧化是压力失活的主要原因。不同条件下酶的失活情况不同，根据酶活性的损失和恢复，可以将酶在压力下的失活模式分为四类：完全不可逆失活、完全可逆失活、不完全可逆失活和不完全不可逆失活。

压力对酶的作用效果表现在，在较低的压力下，酶的失活是可逆的，有时还会使某些在常压下受到抑制的酶活性增强；而在较高的压力下，酶活性显著下降，且多为不可逆失活。酶的活性一般随施加压力值的提高先上升后下降，并在此过程中存在一个最适合压力。当压力低于这个值，酶就不会失活，当压力超过这个值（在特定时间内），酶失活速度会加快，直到永久性不可逆失活。对于一些酶，还存在一个最高压力，当压力高于最高压力时，也不会导致酶的失活，一般认为是由酶的一小部分不可逆失活转化为非常耐压的部分，当解除压力后耐压的部分恢复原来的状态，而不可逆失活的部分保持不变。由此可见，对于特定酶的最低压力和最高压力的研究是保证超高压灭活酶的关键。

三、超高压对食品品质的影响

（一）超高压对食品营养物质的影响

传统的食品杀菌方法主要采用热处理，食品中热敏性的营养成分易被破坏，而且热加工使得褐变反应加剧，造成色泽的不佳，食品中挥发性的风味物质也会因加热而有所损失。而采用高压技术处理食品，可以在杀菌的同时，较好地保持食品原有的色、香、味及营养成分。高压对食品中营养成分的影响主要表现在以下几方面：

1. 高压对蛋白质的影响

高压使蛋白质变性。由于压力使蛋白质原始结构伸展，导致蛋白质体积的改变。例如，如果把鸡蛋放在常温的水中加压，蛋壳破裂，蛋液呈少许黏稠的状态，它和煮鸡蛋的蛋白质（热变性）一样不溶于水，这种凝固变性现象可称为蛋白质的压致凝固。无论是热凝凝固还是压致凝固，其蛋白质的消化性都很好。加压鸡蛋的颜色和未加压前一样鲜艳，仍具有生鸡蛋味，且维生素含量无损失。

2. 高压对淀粉的影响

高压可使淀粉改性。常温下加压到400MPa～600MPa，可使淀粉糊化而呈不透明黏稠糊状，且吸水量改变。原因是压力致使淀粉分子的长链断裂，分子结构发生改变。

3. 高压对油脂的影响

油脂类耐压程度低，常温下加压到100MPa～200MPa，基本上变成固体，但解除压力后固体仍能恢复原状。另外，高压处理对油脂的氧化有一定的促进作用。

4. 高压对食品中其他成分的影响

高压对食品中的风味物质、维生素、色素及各种小分子物质的天然结构几乎没有影响。

（二）超高压对食品感官的影响

食品的黏度、均匀性及结构等特性对高压较为敏感，但这些变化往往是有益的。经热处理后的果蔬食用价值大为降低，而高压处理后，其风味与营养均保持较好。

四、超高压技术在食品加工中的应用

（一）超高压技术在肉类加工中的应用

目前，超高压在肉类加工中的应用研究主要集中于两个方面：一是改善肉制品嫩度；二是在保持肉制品品质的基础上延长肉制品的贮藏期。

牛肉屠宰后需要在低温下进行 10d 以上的成熟，采用高压技术处理牛肉，只需 10min。制品与常规加工方法相比，经过高压处理后肉制品改善了嫩度、色泽和成熟度，增加了保藏性。例如，对廉价质粗的牛肉进行常温 250MPa 的处理，可以使肉得到一定程度的嫩化。另外，研究表明超高压处理能使火腿富有弹性，更加柔软，表面及切面光滑致密，色调明快，风味独特，同时，超高压处理火腿能有效降低氯化钠的使用量并且不用添加防腐剂。

肉及肉制品常采用冷冻方式进行保藏，产品在解冻时营养物质和风味成分易随着肉汁的流失而损失。超高压处理因不冻/冷藏，故食用时无需解冻，无汁液流失，提高了保藏肉制品的品质。

（二）超高压技术在水果加工中的应用

超高压技术在食品工业中最成功的应用就是果蔬产品的加工，主要是用于该类产品的杀菌作业。将超高压处理（400MPa～600MPa）与前期高温短时（90℃～100℃，0～1min）的钝酶处理结合，可以有效钝化内源酶和微生物，保证产品在货架期内保持最新鲜的风味与颜色。经过超高压处理的果汁可以达到商业无菌状态，处理后果汁的风味、组成成分均未发生改变，在室温下可保持数月。例如，使用超高压技术加工的葡萄柚汁没有热加工产品的苦味；桃汁和梨汁在 410MPa 下处理 30min 可以保持 5 年商业无菌；高压处理的未巴氏杀菌的橘汁保持了原有的风味和维生素 C，并具有 17 个月的货架寿命。

（三）超高压技术在水产品加工中的应用

超高压处理可保持水产品原有的新鲜风味。例如，在 600MPa 下处理 10min，可使水产品的酶完全失活，其结果是对虾等甲壳类水产品，外观呈红色，内部为白色，完全呈变性状态，细菌量大大减少，但仍保持原有生鲜味。日本采用 400MPa 高压处理鳕鱼、鲭鱼、沙丁鱼，制造凝胶鱼糜制品，高压加工的鱼糜制品的感官质量好于热加工的产品。

高压加工的鱼糜凝胶可以用于结着碎鱼肉，制造虾蟹的仿制品。

超高压技术还可以应用于海产品的脱壳处理。龙虾、扇贝、牡蛎等海产品经 100MPa～300MPa 的高压处理后，肌肉与外壳的连接被破坏，简单操作即可实现肉壳分离，提高了脱壳速度及可食部分的完整性，满足了消费者对高新鲜度、易加工海鲜产品的需求。

（四）超高压技术在乳制品加工中的应用

超高压技术可应用于初乳、三明治酱、酸奶、奶酪等乳制品的加工中。超高压处理可以杀灭酸奶中的霉菌、酵母菌和乳酸菌，阻止酸奶的后发酵，保质期可延长至 3 个月。超高压处理可促进奶酪的成熟，杀灭有害菌，延长货架期。超高压技术还可以应用于初乳的杀菌中，由于初乳含具有免疫活性的免疫球蛋白，传统的热杀菌很容易导致这些免疫球蛋白变性，失去保健作用，而超高压技术在杀灭微生物的同时，最大限度地保留了免疫球蛋白的活性，提高了初乳产品的功能性。

（五）超高压技术在其他食品加工中的应用

超高压技术能引起淀粉的糊化，可用于代替传统的加热预糊化操作，提高生产效率，降低能耗，减缓速食米饭在货架期内的老化。

超高压技术还可应用于低盐腌菜制品，300MPa～400MPa 的高压处理可杀死腌菜中的酵母菌和霉菌，可在不添加防腐剂的条件下，既延长腌菜的保存期，又保持原有的生鲜特色。

五、超高压技术面临的问题与对策

（一）超高压技术面临的问题

目前，我国超高压技术存在以下问题：

由于超高压杀菌是一个非常复杂的过程，如一些产芽孢的细菌需要很高的压力，才能达到灭菌的效果；

超高压技术一次性设备投资比较大，设备的密封、强度和寿命方面的产业化难度较大；

超高压只对生物高分子物质立体结构中非共价键结合产生影响，有时得不到某些热加工工艺所产生的新的香味，如不能产生加热时由美拉德反应所产生的特有香味；

目前我国相关的食品法规中的标准参数以热加工为基础，制约了高压食品的推广；

食品超高压设备的工作容器小，批处理量小，且大多属于间歇式加工，食品工业深加工程度低。

（二）超高压技术面临问题的对策

解决超高压技术问题应从以下几个方面考虑：

由于超高压杀菌是一个非常复杂的过程，针对特定的食品要选择特定的杀菌工艺。为了获得较好的杀菌效果，必须根据微生物种类、食物本身的组成、添加物、pH 值和水分活度等因素，优化压力规格、加压时间、施压方式和处理温度。只有积累大量可靠的数据，才能保证超高压食品的安全，超高压杀菌技术才能实现商业化。

开展超高压杀菌压力的协同措施研究，以解决高压设备一次性投资成本高的问题。开发耐高压且价格低廉的超高压容器，实现食品超高压加工的连续化生产，提高生产效率。

开展高压对蛋白质和淀粉等高分子物质，溶胶和凝胶等胶体物质影响的研究，测定高压与食品有关的特性常数等。用高压处理取代热处理尚需进一步研究与试验，以获得法律认可的必要数据，与国际接轨，更新相关食品法规。

随着超高压工业化生产技术、设备的开发，以及基础理论等研究的进一步深入，超高压食品加工技术将在食品加工业得到进一步应用，技术也将日趋成熟，成为一种通用技术。

第三节 食品超临界流体加工技术

一、超临界流体技术的发展

超临界流体（Supercritical Fluid，简称 SCF），其发现和研究已经有近 200 年，早在 1822 年，卡格尼亚德（Cagniard）将液体封于炮筒中加热，发现敲击音响有不连续性，之后他又在玻璃罐中直接观察，首次报道了物质的超临界现象。英国女王学院安德鲁（Andrew）博士对二氧化碳的超临界现象进行了研究，并于 1869 年在英国皇家学术会议上发表了超临界实验装置和超临界实验现象观察的文章。1879 年，英国科学家汉内（Hannay）和霍加斯（Hogarth）发现，SCF 溶解固体物质的能力大小主要依赖压力。

之后，又发现了许多超临界溶剂，如一氧化二氮、二氧化硫等。

刚开始人们仅是从理论的角度对临界点的特殊现象进行了研究，并未找到 SCF 的工业应用价值，直到 20 世纪 70 年代，德国的左赛尔（Zosel）博士发现了 SCF 的工业开发价值，将超临界二氧化碳萃取工艺成功地应用于咖啡豆脱咖啡因的工业化生产。由于超临界二氧化碳脱咖啡因工艺明显优于传统的有机溶剂萃取工艺，从此以后，超临界流体萃取技术（Supercritical Fluid Extraction，简称 SFE）作为新型分离技术受到世人瞩目。超临界流体萃取分离技术在解决许多复杂分离问题，尤其是从天然动植物中提取有价值的生物活性物质，如 β-胡萝卜素、甘油酯、生物碱、不饱和脂肪酸等，已显示出了巨大优势。

我国在超临界流体技术方面的研究起步较晚。1996 年，我国召开了第一届全国超临界流体技术及应用研讨会，至今，国内的专家学者发表了大量有关超临界流体基础理论研究及应用的文章。超临界流体萃取技术在食品工业中的应用、推广及国产化生产装置的研制，先后被列为国家级重点科技攻关项目。目前，我国超临界流体萃取技术已经开始逐步从研究阶段走向工业化。

SCF 独特的物理化学特性，使其在食品工业中有着独特的应用。超临界萃取、超临界反应、超临界色谱、超临界微粉体技术等都是当今食品加工高新技术中的热门研究领域，其中超临界萃取的工业应用最为广泛。

二、超临界流体的性质

物质有三种常见状态，气态、液态和固态。当物质所处的温度、压力发生变化时，这三种状态就会相互转化。但是，除了上述三种常见状态外，物质还有另外一些状态，如等离子状态、超临界状态。

纯物质在临界状态下有其固有的临界温度和临界压力，当温度大于临界温度且压力大于临界压力时，便处于超临界状态。SCF 是指处于超过物质本身的临界温度和临界压力状态时的流体。

SCF 具有与气体和液体均不同的性质，其物性较特殊，其主要表现在其密度接近于液体的密度，而比气体的密度高得多；其扩散系数与气体相比小得多，但比液体又高得多；其黏度接近气体，而比液体低得多。当流体的扩散系数高、黏度低时，扩散阻力就小，有利于传质。

三、超临界流体萃取技术

（一）超临界流体萃取原理

SCF 的密度较高，其溶解能力也较强，因此很适合用作萃取剂，而且它们在常温下一般都是气体，所以很容易用汽化的方法进行回收。所以，SCF 可在混合物中有选择性地溶解某些组分，然后通过减压升温或吸附将其分离析出，这种化工分离手段就是超临界流体萃取技术。

对于超临界萃取而言，超临界萃取溶剂的选择非常关键，它应满足一些条件：化学反应稳定，对设备无腐蚀；临界温度不太高也不太低；临界压力低，以节省动力；纯度高，溶解性好，以减少溶剂循环量；价廉，易得；无毒。

在所有研究过的超临界物质中，只有几种适于用作超临界流体萃取的溶剂：二氧化碳、乙烷、乙烯，以及一些含氟的碳氢化合物。其中最理想的溶剂是二氧化碳，它几乎满足上述所有要求。它的临界压强为 7.38MPa，临界温度为 31.06℃。目前几乎所有的超临界流体萃取操作均以二氧化碳为溶剂。

二氧化碳的主要特点是：易挥发，易与溶质分离；黏度低，扩散系数高，有很高的传质速率；只有相对分子质量低于 500 的化合物才易溶于二氧化碳；中、低相对分子质量的卤化碳、醛、酮、酯、醇、醚易溶于二氧化碳；极性有机物中只有低相对分子质量者才溶于二氧化碳；脂肪酸和甘油三酯不易溶于二氧化碳，但单酯化作用可增加溶解度；同系物中溶解度随相对分子质量的增加而降低；生物碱、类胡萝卜素、氨基酸、水果酸、氯仿和大多数无机盐不溶于二氧化碳。

（二）超临界流体萃取过程

超临界二氧化碳流体萃取技术是利用二氧化碳在超临界状态下对溶质有很高的溶解能力，而在非临界状态下对溶质的溶解能力又很低的这一特性，来实现对目标成分的分离。

超临界二氧化碳流体萃取的基本过程为：将萃取原料装入萃取釜，采用超临界二氧化碳作为溶剂。二氧化碳气体经热交换器冷凝成液体，用加压泵把压力提升到工艺过程所需的压力（应高于二氧化碳的临界压力），同时调节温度，使其成为超临界二氧化碳流体。超临界二氧化碳流体作为溶剂从萃取釜底部进入，与被萃取物料充分接触，选择性溶解出所需的化学成分。含溶解萃取物的高压二氧化碳流体经节流阀降压到低二氧化碳临界压力以下，进入分离釜（又称解析釜）。由于二氧化碳溶解度急剧下降而析出溶质，自动分离成溶质和二氧化碳气体两部分。前者为过程产品，定期从分离釜底部放出，后者为循环二氧化碳气体，经热交换器冷凝成二氧化碳液体再循环使用。整个分离过程是利用二氧化碳流体在超临界状态下对有机物有特殊增加的溶解度，而低于临界状态下对有机物基本不溶解的特性，将二氧化碳流体不断在萃取釜和分离釜间循环，从而有效地将需要分离提纯的组分从原料中分离出来。

（三）超临界流体萃取特点

1. 优点

目前使用较多的二氧化碳超临界流体萃取，与常规的提取方法相比具有以下优点：

①适合于热敏性及易氧化物质的分离提取，在接近室温条件和缺氧的萃取系统中，可有效防止热敏性物质和化学不稳定性成分的高温分解和氧化。

②提取率高，无残留，通过改变极性和控制萃取的温度和压力，能选择性提取有效成分，大大提高产品质量和利用率，提取物中无溶剂残留，便于下一步的富集精制。

③工艺简单，操作方便，时间短。萃取过程中只需控制温度和压力就可以达到萃取目的，萃取工艺流程简单，操作参数易控制，提取速度快，生产周期短，一般提取 10min 后便会有有效成分析出，2h～4h 则可以完全提取分离。

④节省能源、成本低、安全。溶剂能与被提取物自然分离，溶剂不需要回收，能反复使用，节约了大量有机溶剂，二氧化碳价廉易得、不易燃、不易爆，避免有机溶剂萃取时的危险，保证生产安全。

⑤萃取有效成分的选择性强，超临界二氧化碳的萃取能力取决于流体的密度，可以通过改变压力和温度等操作条件而改变其溶解度，从而实现选择性萃取，SFE 技术可同时完成蒸馏和萃取两个过程，可分离较难分离的有机混合物，特别对于同系物的分离、精制更具优势。

2. 局限性

①对相对分子质量大的物质萃取选择性差，SFE 比较适合萃取脂溶性、相对分子质量小的物质，对极性大、相对分子质量太大的物质要加入夹带剂或在很高的压力下进行，这给工业化生产带来一定的难度。

②超临界萃取的理论还有待提高，夹带剂的使用尚缺乏充足的理论指导，高压技术还不十分清楚，临界区内的技术数据也有限。

③与常规萃取设备相比，超临界萃取所需设备的投资较高，成本回收期较长。

④分离过程必须在高压下进行，设备及工艺技术要求高，连续化生产较为困难。

四、超临界流体萃取工艺

超临界流体萃取的基本过程分成萃取阶段和分离阶段，萃取阶段由萃取釜和加压装置组成，分离阶段由分离釜和减压装置组成。按分离方式的不同，可分为等温法、等压法、吸附法、多级分离法；按萃取过程的特殊性可分为常规萃取、夹带剂萃取、喷射萃取等。常规萃取即等温法流程，夹带剂萃取即根据需要在萃取剂中添加不同极性的夹带剂，喷射萃取主要应用于黏稠的物料，通过喷射的方式加大物料与超临界流体的接触面积，以促进传质进程。

（一）等温法流程

等温法流程即变压分离流程，被萃取物质在萃取器中被萃取后，经过减压阀后压力下降，被萃取物质在超临界流体中的溶解度降低，因而在分离器中析出。萃取物质从分离器下部被取出，萃取剂由压缩机压缩并返回萃取器循环使用。由于二氧化碳流体在降压过程中节流膨胀使温度降低，因此在分离段需加温以使其温度与萃取段保持大致相同。该流程是在萃取段和分离段二氧化碳的温度基本相同的情况下，利用其压力降低造成对溶质的溶解度下降而在分离段沉淀出来，故称为等温法。等温法流程是最常见的超临界二氧化碳流体萃取流程，适用于从固体物质中萃取油溶性组分、热不稳定性成分。

（二）等压法流程

等压法流程即溶质在萃取段被二氧化碳流体萃取后，通过分离段改变二氧化碳的温度，使溶质在二氧化碳流体中的溶解度降低而分离出来。该流程在萃取段和分离段的压力基本相同，利用温度改变造成的溶解度下降而实现物质的分离，故称该流程为等压法。该流程具有设备简单、造价低廉、操作简单、运行费用低等优点，适用于那些在二氧化碳中的溶解度对温度变化较为敏感且不易热分解的物质。该流程适应性不强，实用价值小。

（三）吸附法流程

吸附法是将萃取釜和分离釜处于大致同等的温度和压力下，利用分离釜中填充特定的吸附剂将分离目标组分选择性地除去，然后定期再生吸附剂即可达到分离目的。吸附剂可以是液体（如水、有机溶剂等），也可以是固体（如活性炭）。吸附法流程比等压法和等温法都简单，也最节能，但是该法只适合于可选择性吸附分离目标组分的体系，绝大多数天然物质的分离过程很难通过吸附来收集产品，所以吸附法只能用于少量杂质的脱除过程，而且必须选择廉价的、易于再生的吸附剂。

（四）多级降压分离流程

在超临界萃取过程中，被萃取出来的物质绝大部分是混合成分，有时需要对其进一步分离精制以富集其中的一些成分。例如，在从生姜中萃取出来的混合成分中将姜辣素和精油分离，在从植物种子中萃取出来的油脂与同时萃取出来的水、腥臭成分和游离脂肪酸分离，在从辣椒中萃取出来的混合成分中将辣椒红色素和辣椒碱分离。上述这些情况均可利用多级降压分离工艺一次达到目的，而不需要在萃取完成后对萃取出来的混合物再次进行分离。

多级降压分离流程是对等温法流程分离段的改进，等温法是在分离段将具有很大溶解度的高压二氧化碳流体（其中溶解了各种被萃取物质）的压力在一个分离釜中一步降到几乎没有溶解能力的、很低的压力（一般为4MPa～6MPa），使溶解于高压二氧化碳流体中具有不同溶解度的组分在分离段全部析出在分离釜中。而多级降压分离则是将溶解了各种被萃取物质的高压流体在流经串联着的几个分离釜中逐步降压分离，逐步地降低二氧化碳流体的溶解度，使在萃取段中处于溶解状态的各种组分在逐步降压过程中依次在不同的分离釜中分离出来。

五、超临界二氧化碳流体萃取在食品工业中的应用

目前，在食品工业中，超临界流体萃取的工业应用主要集中在天然产品的加工项目上，如茶叶、咖啡豆脱咖啡因，酒花有效成分的提取，植物色素的萃取，食品脱脂，植物及动物油脂的萃取等。在保健食品应用上，一方面，超临界流体萃取可以高效提取食品中的有效成分，如超临界流体萃取能从南瓜籽油中萃取亚油酸，该物质可以有效地预防湿疹和抗过敏；另一方面，超临界流体萃取可以有效地剔除食品中的有害成分，如在精制高纯度大豆磷脂方面，合理控制超临界流体萃取的工艺条件有利于磷脂酰胆碱含量的提高。

（一）超临界二氧化碳萃取啤酒花

啤酒花也称葎草花或蛇麻，通常指雌性啤酒花成熟时在叶和枝之间生成的籽粒。啤酒花中对酿酒有作用的部分是挥发性油和软树脂中的葎草酮。挥发性油赋予啤酒特有的香气，而葎草酮是造成啤酒苦味的重要物质。早期采用啤酒花直接酿酒，存在于啤酒花

中的葎草酮只能利用 25%，后来改进为二氯甲烷或甲酸等有机溶剂萃取法，使其利用率提高到 60%～80%，但萃取物还需进一步精制。采用超临界二氧化碳萃取技术，葎草酮的萃取率可达 95%以上，并能得到安全的、高品质的、富含啤酒花风味物质的浸膏。

采用超临界二氧化碳萃取生产啤酒花浸膏时，首先把啤酒花磨成粉末状，使之与二氧化碳流体接触面积更大，然后将其装入萃取器，密封后通入超临界二氧化碳流体进行萃取。达到萃取要求后，经节流降压，萃出物随二氧化碳一起被送至分离釜，得到黄绿色产品。实践证明，采用超临界二氧化碳萃取得到的浸膏生产啤酒，其主要组分的含量、色泽、味道都与用全啤酒花生产的啤酒相似。

（二）超临界二氧化碳流体脱除咖啡因

从咖啡豆中脱除咖啡因是超临界萃取的第一个工业化项目。咖啡因是一种生物碱，富含于咖啡豆和茶叶中，具有兴奋中枢神经系统、利尿、强心解痉、松弛平滑肌等药理作用。脱除咖啡因的传统方法为溶剂萃取法，但这种方法存在产品纯度低、工艺复杂烦琐、提取率低、有溶剂残留等缺点，而超临界二氧化碳流体对咖啡因选择性高，同时还有溶解性较大、无毒、不燃、廉价易得等优点。

超临界二氧化碳法脱除咖啡因的过程大致为：先用机械法清洗鲜咖啡豆，去除灰尘和杂质，然后加蒸汽和水预泡，提高其水分含量，再将其装入萃取器中，不断往萃取器中送入二氧化碳从而将咖啡因逐渐萃取出来。

第四节　脉冲电场杀菌技术在食品加工中的应用

一、脉冲电场杀菌的基本原理

（一）脉冲电场对微生物的杀灭作用

大量的试验表明：脉冲电场对不同的微生物有不同的杀灭作用，酵母菌比细菌更容易被杀死，革兰氏阳性菌比革兰氏阴性菌更容易被杀死。影响脉冲电场杀菌效果的主要因素是电场强度和处理时间。脉冲电场杀菌的电场强度一般为 5～100kV/cm，脉冲频率为 1Hz～100Hz，放电频率为 1Hz～20Hz，每个脉冲持续时间为 2s～20s，脉冲重复速率

1个/s。脉冲的时间间隔较长，有利于避免系统温度升高。脉冲杀菌一般是在常温下进行，杀菌时间短，能耗远小于热处理。脉冲之间较长的间隔有利于避免系统温度升高。虽然在脉冲电场处理时会出现介质的电解，但是电解的产物不能杀灭微生物。

（二）脉冲电场对芽孢的失活作用

芽孢对于脉冲电场有耐受力。枯草杆菌的芽孢在30kV/cm的电场中仍能存活。芽孢在发芽后对脉冲电场比较敏感，但是，脉冲电场不能刺激发芽，因而不能杀灭芽孢。可以使用其他方法刺激芽孢发芽，然后应用脉冲电场杀灭所形成的营养细胞。溶菌酶溶解了芽孢的外壳，使其更易受脉冲电场的作用。因此，将脉冲电场技术与其他方法结合使用，可以杀灭微生物的芽孢。

（三）脉冲处理后微生物结构的变化

微生物的细胞膜在细胞的生活过程中发挥着重要的作用，任何有损于细胞膜完整性的因素，都会影响细胞正常的生理功能，从而抑制细胞的生长和繁殖，甚至引起死亡。用电子显微镜观察脉冲处理的大肠杆菌和对照样品，发现对照样品的原生质膜和外层膜相互靠近，而脉冲处理样品的原生质膜收缩，脱离了外层膜，细胞膜的收缩表明其丧失了半透性。用电子扫描显微镜观察经脉冲处理的金黄色葡萄球菌和对照样品，发现可以清晰地看到对照样品的原生质组织，以及处理样品的细胞外表面硬化和收缩，同时，还发现磷脂双分子层也表现出了与细胞膜相似的性质。所以，脉冲处理破坏了包括细胞膜和双磷脂层在内的细胞的组织。

脉冲在细胞中促进了许多化学和物理反应，如类脂的热致相变、离子或带电分子的电泳移动、溶液和细胞膜内物质的电构象的变化等。

（四）脉冲电场杀菌对酶促反应的影响

荧光假单胞菌产生的蛋白酶水解酪蛋白和乳清蛋白，使贮藏在4℃中的牛乳产生苦味和凝结。98个频率为2Hz、14kV/cm脉冲电场处理使脱脂乳中该酶的活性降低60%。胞浆酶是牛乳中固有的酶，胞浆酶水解酪蛋白，会使酪蛋白溶液黏度降低，增加可溶性蛋白质量，延长凝乳酶的凝乳时间，造成超高温杀菌时的凝胶等。

高压脉冲电场（PEF）对果汁中的果胶酯酶（PE）的活性具有很好的钝化效果。

二、影响脉冲电场杀灭微生物的因素

（一）电场强度和作用时间

电场强度是脉冲电场杀菌效果的决定因素。大量研究表明，电场强度越大，杀菌效果越好。作用时间是脉冲数目和脉冲持续时间的乘积。增加作用时间意味着增加脉冲数目或增加脉冲持续时间，而增加脉冲持续时间将使处理系统的温度大幅度上升。例如，采用脉冲电场处理绿茶，随电场强度的增大，作用时间的延长，绿茶中微生物的含量逐渐减少。

（二）脉冲的波形与极性

脉冲有单极性和双极性两种。方波脉冲波形和指数脉冲波形中的振荡波形杀灭微生物的效率最低，方波脉冲波形比指数脉冲波形的效率高，对微生物的致死率也高。双极性脉冲的致死作用大于单极性脉冲。例如，当电场强度为 12 kV/cm，脉冲数目不大于20 时，方波脉冲杀灭酿酒酵母比指数脉冲多 60%。如果脉冲数目大于 20，两者的杀菌效果相近。方波脉冲和指数脉冲的能量效率分别为 91% 和 64%。

（三）微生物的生长期

脉冲电场的杀菌效果与微生物生长期和介质温度密切相关，对数期的细胞比静止期的细胞对脉冲电场更敏感，例如，大肠杆菌 4h 的培养物比 30h 的培养物对脉冲电场更敏感。

（四）微生物种类和菌落数量

芽孢对于脉冲电场有很大的耐受力，脉冲电场不能杀灭芽孢。无芽孢菌比芽孢菌更易于被脉冲电场杀灭，革兰氏阴性菌较革兰氏阳性菌更易于被脉冲电场杀灭。

（五）温度

脉冲电场的杀菌作用随介质的温度上升而增加。采用指数脉冲，40℃时 20 个脉冲即可使在 SMUF 培养基中的大肠杆菌减少 2 个数量级，如果温度降为 30℃，达到同样的杀菌效果则需 50 个脉冲；采用方波脉冲，33℃时达到同样的杀菌效果需 10 个脉冲，温度为 7℃时，达到同样的杀菌效果则需 60 个脉冲。

（六）食品的电特性

食品介质的电导率是传导电流的能力，在脉冲电场杀菌过程中是一个很重要的参数。

（七）其他影响因素

以大肠杆菌为例，脉冲电场的杀菌作用随介质离子强度的下降而增加，随 pH 值的下降稍有增加，介质中氧的存在与否对杀菌作用没有影响。

三、脉冲电场杀菌技术在食品保藏中的应用

脉冲电场杀菌已经在食品模型体系的研究中展现了它的应用前景，而在实际食品加工中运用这一技术是食品科学家面临的挑战。中国、美国、日本等国家的食品科学家就果蔬汁、鸡蛋、牛乳等的脉冲电场杀菌技术进行了大量试验，证明了此技术具有较好的杀菌效果，同时对食品原有的色、香、味及营养成分影响较小。

（一）在鸡蛋加工中的应用

目前脉冲电场非热杀菌技术已用于蛋液的工业化生产。脉冲电场处理全蛋液，经过无菌包装，在 4℃ 下具有 4 周的货架寿命。脉冲处理后蛋液的化学性质没有受到影响。脉冲没有使蛋白质变性和酶失活，但是蛋液的黏度下降，颜色变暗。如果以蒸蛋为样品，经脉冲电场处理后进行感官评价，结果表明脉冲处理蛋液与新鲜蛋液没有显著差异。

（二）在牛乳中的应用

脉冲电场对培养液和牛奶中的酵母、革兰氏阴性菌、革兰氏阳性菌、细菌孢子都有很好的灭菌效果。无菌包装的经脉冲电场处理的 2% 脂肪牛乳在 4℃ 下具有 2 周的货架期。脉冲电场的抑菌率可达到 4～6 个对数周期，其处理时间一般在几微秒到几毫秒，最长不超过 1s。强度为 36.7 kV/cm 的脉冲电场可以完全杀灭接种在巴氏杀菌牛乳中的沙门氏菌（3800 CFU/mL），脉冲电场处理也可以把牛乳中其他微生物减少到 20 CFU/mL。该牛乳在 7℃～9℃ 贮藏 8d 后没有发现沙门氏菌的生长。

脉冲电场处理不会改变牛乳的理化性质，感官评价表明脉冲电场处理的产品与热巴氏杀菌的产品之间不存在显著性差异。

（三）在保鲜领域中的应用

脉冲电场杀菌属于冷杀菌，克服了化学杀菌和热杀菌的不足，能最大程度地杀虫灭菌。它既不影响农副产品品质，又可保持其鲜度，延长储存期。

第三章　果蔬制品加工技术

第一节　果蔬原料

一、水分

果蔬中的水分所占的质量百分比最大。一般为70%～90%。主要存在于根、茎、叶、花、果实、果肉、果心、种子中，果肉的水分含量最高，其余部分含量较少。

含水量的多少是衡量果蔬的新鲜度、饱满度、营养价值、商品价值的重要指标。果蔬在采后至加工前，由于环境条件的改变，含水量降低，出现扁、变色，严重者出现生理失调，引起病菌的感染，造成大量的腐烂，使人们在经济上受到损失。

在果蔬加工过程中，干制品需要脱除大量的水分，从而可以长期储存；糖制品、汁制品、酒制品、腌制品、罐制品等需要保存原料的含水量，提高加工品的成品率。正常的含水量可以提高产品的工艺以及加工品的质量。

二、有机物质

果蔬中的有机物质有淀粉、维生素、油脂以及蛋白质。

（一）淀粉

未成熟的果实含淀粉较多。果蔬中的香蕉（淀粉含量26%）、马铃薯（淀粉含量14%～25%）、藕（淀粉含量12.8%）等淀粉含量较高。其次是豌豆（淀粉含量6%）、苹果（淀粉含量1%～1.5%），其他果蔬淀粉含量较少。在后熟时，果蔬中的淀粉转化为糖，含量逐渐降低，使甜味增加。淀粉含量高，多数不利于加工，容易引起半成品的褐变，造成汁液的沉淀。

（二）维生素

维生素是人和动物为维持正常的生理机能而必须从食物中获得的一类微量有机物质。果蔬富含维生素，是人体所需维生素的主要来源。果蔬中的维生素有两类，即水溶性维生素和脂溶性维生素，水溶性维生素包括维生素 B、维生素 B_2、维生素 C、维生素 H、维生素 P 等；脂溶性维生素包括维生素 A、维生素 D、维生素 E、维生素 K 等。

维生素 A 是植物体中的胡萝卜素在动物体内转化的产物，主要来源于果蔬中的胡萝卜素。果品中含维生素 A 较多的是黄橙色果蔬，这类果蔬也是含胡萝卜素较多的果蔬，如柑橘、枇杷、芒果、柿子、杏、胡萝卜、菠萝等，在加工中不易损失。

维生素 C 易溶于水，很不稳定。在酸性条件下较碱性条件下稳定，贮藏中注意避光，保持低温，低氧环境中可以减缓维生素 C 的氧化损失。随着贮藏时间的延长，维生素 C 的含量逐渐降低。含维生素 C 含量较多的果品种类有刺梨、鲜枣、猕猴桃、山楂、石榴、荔枝、草莓和柑橘等。维生素 C 在果品和薯类中含量虽较高，但在任何贮藏条件下，维生素 C 都会降低，而且贮藏前期的降低速度比后期要快得多。在果品加工过程中，维生素 C 容易氧化损失或随水流失，不宜保存。

干果类果品中维生素 E 含量较高，贮藏加工中也不易损失。

（三）油脂

油脂主要存在于含油果实和一般果蔬的种子中，在普通果实中含量很少。各种果蔬的种子均有丰富的油脂，一般在 15%～30%，油料作物花生可达 45%，核桃可达 65%。含油果实及果蔬种子是提取油脂的良好原料。

油脂是甘油和高级脂肪酸形成的酯，不溶于水，而溶于各种有机溶剂。据其饱和链的多少，其稳定性和性质相差很大。油脂在空气和氧气中易发生氧化变质，铜、铁、光线、温度及水汽等均有催化作用。果蔬加工制品不应混入各种油脂，否则会影响制品的质量。

（四）蛋白质

蛋白质在含氮物质中概述。

三、含氮物质

果蔬中的含氮物质主要是蛋白质和氨基酸，也含有少量的酰胺、铵盐及亚硝酸盐等，前两者主要以结构蛋白形式存在，也是酶的组成部分。

果蔬中的蛋白质含量普遍较低，含量各不相同。果品可从浆果类、核果类、仁果类的 0.5%左右到海枣、鳄梨、黑树莓、番茄、香蕉的 1%以上。蔬菜的蛋白质含量一般比果品要高，如姜、藕、芋、茄子等可高达 2%～3%。

果蔬，特别是蔬菜中含有丰富的氨基酸，氨基酸的种类较多，但绝对含量不高，因此从营养角度出发，这些氨基酸并非人类蛋白和氨基酸的主要来源，但其成分对果蔬及其制品的风味有着重要的影响。如果蔬本身所含的谷氨酸、天门冬氨酸等都具有特殊的风味，与产品的口味有关。

在果蔬中，氨基酸是游离的，大部分为结合状态，加热能使部分蛋白质变成游离状态的氨基酸。蛋白质能在酸、碱或酶的作用下加热水解成氨基酸的混合物及肽链片段，因此，加工后的制品中游离氨基酸的含量上升。

蛋白质与单宁结合产生沉淀，利用此原理澄清果汁和果酒。氨基酸中的酪氨酸可在酪氨酸氧化酶的作用下被氧化，进一步变成深色的褐变物质，这是马铃薯的褐变原因。在柑橘类果汁的生产和销售中，脯氨酸的含量及一些其他特殊氨基酸的比例类型常被作为检测柑橘汁是否掺假的一个参考指标。

四、单宁物质

绝大部分果品含有多酚物质，主要为单宁物质。单宁物质是具有儿茶酚及黄酮醇和黄烷酮醇结构的物质，普遍存在于未成熟的果品中，果皮部的含量多于果肉。不同种类的果蔬所含单宁物质的结构不同，单宁则是这些物质以各种形式聚合而成的大分子物质。单宁具有涩味，在成熟过程中，经过一系列的氧化或与酮、醛等进行反应，失去涩味。柿子的涩味消失被认为是由于可溶性的单宁物质与其他物质作用变成不溶性之故。

单宁物质的特性很多，其与果蔬加工有密切的关系。单宁具有特有的味道，其收敛味对果蔬制品的风味影响很大，红葡萄酒正因为其含有适量的单宁才有饱满的酒味。单宁与合适的糖酸共存时，可表现出良好的风味，但单宁含量过多则会使风味过涩，而且单宁能强化有机酸的酸味。单宁物质遇铁变黑色，与锡长时间共热呈玫瑰色，遇碱变蓝色，这些特性与保护果蔬的良好色泽有关。单宁具有一定的抑菌作用，在红葡萄酒发酵过程中一定的单宁对于抑制杂菌生长很重要。单宁易与蛋白质结合发生沉淀，被用来澄清和稳定果汁、果酒。

果品在采后受到机械伤，或贮藏后期果品衰老时，单宁物质都会出现不同程度的褐变。因此，在果品采收前后应尽量避免机械损伤，控制果品衰老，防止褐变，保持品质，延长贮藏寿命。单宁在加工过程中，也容易引起加工产品的褐变，但在果酒加工过程中，适量加入单宁，可使果酒爽口。

五、酶

酶是由生物的活细胞产生的具有催化能力的蛋白质。它决定着有机体新陈代谢进行的强度和方向。它是引起果蔬品质变劣和营养成分损失的重要因素之一。

果蔬中的酶多种多样。主要有两大类：一类是氧化酶类，如多酚氧化酶、抗坏血酸氧化酶、过氧化物酶等；另一类是水解酶类，如果胶酶、淀粉酶、蛋白酶等。

果蔬在生长、成熟以及贮藏后熟的过程中均有各种酶进行活动，在加工中，酶是影响制品品质和营养成分的重要因素。在果蔬贮藏过程中，主要是抑制或杀灭这些酶的活性，减少营养成分的氧化、水解，延长果蔬贮藏寿命。在果蔬加工中，一方面酶可以引起加工半成品及成品的褐变，另一方面果蔬的加工也常利用酶，如利用果胶酶来澄清果汁与果酒。因此，利用和抑制酶是果蔬加工的两个方面，应合理掌握。

六、色素物质

果蔬在成熟时或生长时均有鲜艳悦目的色彩，这些色彩是由色素物质赋予的。

叶绿素是所有绿色蔬菜和果品所含的主要色素，它不溶于水，易溶于乙醇、乙醚等有机溶剂。叶绿素不耐光不耐热，果品中绿色逐渐减退，表明果品已进入衰老。

果蔬中的类胡萝卜素为一种橙黄色至橙红色甚至红色的非水溶性色素，包括许多结构不同的组分，主要由胡萝卜素、番茄红素及叶黄素组成。目前已证实的动植物类胡萝卜素达 130 多种。

类胡萝卜素耐高温，在碱性介质中比在酸性介质中稳定，在果蔬加工中相对较稳定。但在有氧的条件下会发生氧化，氧化的程度依类胡萝卜素的种类而异。在一般干制品中，类胡萝卜素较稳定，当水分干到一定程度时，稳定性突然下降，氧化速度飞速增长，在冷冻干燥低水分制品中常见。

花青素又称花色素、花色苷，是自然界中一类广泛存在于植物中的水溶性天然色素。属黄酮类化合物，是植物和果实中一种主要的呈色物质。目前发现花青素类色素广泛存在于紫甘薯、葡萄、血橙、红球甘蓝、蓝莓、茄子皮、樱桃、红橙、红莓、草莓、桑葚、山楂皮、紫苏、牵牛花等植物组织中。

花青素的色彩受 pH 值的影响，在酸性条件下呈红色，中性、微碱性下为紫色，碱性条件下变蓝色，故宜在酸性条件下以保持红色。花青素能被亚硫酸及其盐褪色，此反应可逆，一旦加热脱硫，又可复色。因此，含花青素的水果半成品用亚硫酸保藏会褪色，但去硫后仍有色。

除上述影响因素外，影响花青素的环境因素还包括氧气、光线（特别是紫外光）、高温及维生素C的含量。氧气和紫外光可促使大部分花色素发生分解并形成沉淀，大部分浆果类的果汁，如杨梅汁、树莓汁会出现这种现象，因此脱气非常重要。许多含花青素的果蔬制品在透明玻璃瓶内贮藏发生褪色也是光照加速分解所造成的。果汁中的抗坏血酸或人工加入作为抗氧化剂的抗坏血酸，会促使花色素的分解。花青素与金属离子反应生成盐类，大多数为灰紫色，与锡、铁、铜等离子反应生成蓝色或紫色。因而，含花青素的产品应采用涂料罐装，加工器具宜用不锈钢制成。

随着果蔬的贮藏，叶绿素逐渐减退，叶黄素逐渐增加；在果蔬加工过程中，叶绿素也会逐渐减少，花青素和花黄色素溶于水，因此容易损失。果蔬中的色素是果蔬新鲜度、外观品质、商品价值的主要标志，也是加工天然色素产品的重要来源。

第二节　果蔬罐头加工技术

果蔬罐头的加工是食品工业中最重要的加工工艺之一，是将果蔬原料经过预处理后装入容器中脱气、密封，再经过加热杀菌处理，杀死能引起食品腐败变质的微生物，破坏原料中的酶活性，防止微生物再次污染，在维持密封状态条件下，能够在室温下长期保存的方法。

罐头食品之所以能长期保藏，主要是由于在加工过程中杀灭罐内能引起败坏、产毒、变质的微生物，破坏原料组织中自身的酶活性，并保持密封状态使罐头不再受外界微生物的污染。

一、操作要点

（一）原料选择

果蔬罐头的原料总的要求是新鲜，成熟适度，形状整齐，大小适当，果肉组织致密，可食部分大，糖酸比例恰当，单宁含量少；蔬菜罐藏原料要求色泽鲜明，成熟度一致，肉质丰富，质地柔嫩细致，纤维组织少，无不良气味，能耐高温处理。

罐头制作用果蔬原料均要求有特定的成熟度，这种成熟度即称罐藏成熟度或工艺成熟度。不同的果蔬种类品种要求有不同的罐藏成熟度。如果选择不当，不但会影响加工品的质量，而且会给加工处理带来困难，使产品质量下降。如青刀豆、甜玉米、黄秋葵等要求幼嫩，纤维少；番茄、马铃薯等则要求充分成熟。

果蔬原料越新鲜，加工品的质量越好。因此，从采收到加工，间隔时间越短越好，一般不要超过24h。有些蔬菜如甜玉米、豌豆、蘑菇等应在2h～6h内加工。

（二）原料前处理

包括挑选、分级、洗涤、去皮、切分、去核（心）、抽空以及热烫。

1. 挑选、分级

果蔬原料在投产前需先进行选择，剔除不合格的和虫害、腐烂、霉变的原料，再按原料的大小、色泽和成熟度进行分级。原料的分级可以手工分级也可以机械分级，手工分级使用刀具时要注意采用不锈钢制品。机械分级一般采用振动筛式及滚筒式分级机，对于一些具有不同特性或形状特别的原料还有专业分级机。机械分级主要是按大小分级，成熟度和色泽的分级主要靠感官分级。对于一些不需要保持原料形态的制品，则无须按大小分级。

2. 洗涤

洗涤的目的是除去其表面附着的尘土、泥沙、部分微生物及可能残留的农药等。洗涤果蔬可采用漂洗法，一般在水槽或水池中用流动水漂洗或用喷洗，也可用滚筒式洗涤机清洗。可根据原料形状、质地、表面状态、污染程度以及加工方法等制定。对于杨梅、草莓等浆果类原料应小批淘洗或在水槽中通入压缩空气翻洗，防止机械损伤及在水中浸泡过久而影响色泽和风味。有时为了较好地去除附在果蔬表面的有害化学药品，常在清洗用水中加入少量的洗涤剂，常用的有0.1%的高锰酸钾溶液、0.06%的漂白粉溶液、0.1%～0.5%的盐酸溶液、1.5%的洗洁剂和0.5%～1.5%的磷酸三钠混合液。

3. 去皮、去核（心）

果蔬的种类繁多，其表皮状况不同，有的表皮粗厚、坚硬，不能食用；有的具有不良风味或在加工中容易引起不良后果，这样的果蔬必须去除表皮。去皮的方法有手工去皮机械去皮、热力去皮、化学去皮、酶法去皮及冷冻去皮等。

去核针对核果类原料，仁果类原料需要去心，可根据实际原料种类选择适当去核、去心工具。

4.切分、修整

切分的目的在于使制品有一定的形状或统一规格。如胡萝卜等需切片，学荠、蘑菇也可以切片。甘蓝常切成细条状，黄瓜等可切丁。切分可根据原料的性质、形状以及加工要求，采用不同的切分工具进行。

很多果蔬在去皮、切分后需进行整理，以保持产品的良好外观形状，主要是修整形状不规则、不美观的地方以及除掉未除净的皮、病变组织和黑色斑点等。

5.抽空

可排除果蔬组织内的氧气，钝化某些酶的活性，抑制酶促褐变。抽空效果主要取决于真空度、抽空的时间、温度与抽空液四个方面。一般要求真空度大于 79kPa。按照抽空操作的程序不同，抽空法可分为干抽法和湿抽法两种。

6.热烫

热烫又称预煮、烫漂。生产上为了保持产品的色泽，使产品部分酸化，常在热烫水中加入一定浓度的柠檬酸。

热烫的温度和时间需根据原料的种类、成熟度、块形大小、工艺要求等因素而定。热烫后需迅速冷却，不需漂洗的产品应立即装罐；需漂洗的原料，则于漂洗槽（池）内用清水漂洗，注意经常换水，防止变质。

（三）装罐

1.空罐的准备

不同的产品应按合适的罐形、涂料类型选择不同的空罐。一般来说属于低酸性的果蔬产品，可以采用未用涂料的铁罐（又称素铁罐）。但番茄制品、糖醋、酸辣菜等则应采用抗酸涂料罐。花椰菜、甜玉米、蘑菇等应采用抗硫涂料铁，以防产生硫化斑。

空罐在装罐前应清洗干净，蒸汽喷射，清洗后不宜堆放太久，以防止灰尘、杂质再一次污染。装罐前要对空罐进行清洗和消毒及空罐的检查。

2.灌注液的配制

（1）水果罐头

我国目前生产的糖水果品罐头一般要求开罐糖度为 14%～18%。每种水果罐头装罐的糖液浓度可根据装罐前水果本身的可溶性固形物含量、每罐装入果肉重量及每罐实际注入的糖液重量。

糖液的配制方法有直接法和稀释法。直接法就是根据装罐所需要的糖液浓度，直接按比例称取砂糖和水，置于溶糖锅中加热搅拌溶解并煮沸 5~10min，以驱除砂糖中残留的二氧化硫并杀灭部分微生物，然后过滤，调整浓度。

配制糖液的主要原料是蔗糖，要求纯度在 99% 以上，色泽洁白，清洁干燥，不含杂质和有色物质。除了蔗糖外，如转化糖、葡萄糖、玉米糖浆也可使用。配制糖液用水也要求清洁无杂质，符合饮用水质量标准。蔗糖溶解调配时，必须煮沸 10min~15min，然后过滤，保温 85℃以上备用。如需在糖液中加酸，必须做到随用随加，防止积压，以免蔗糖转化为转化糖促使果肉色泽变红。荔枝、梨等罐头所用糖液，加热煮沸后迅速冷却到 40℃再装罐，对防止果肉变红有明显效果。

（2）蔬菜罐头

很多蔬菜制品在装罐时加注淡盐水，浓度一般在 1%~4%。目的在于改善制品的风味；加强杀菌、冷却期间的热传递；能较好地保持制品的色泽。

配制盐液的水应为纯净的饮用水，配制时煮沸，过滤后备用。食盐纯度要求在 98% 以上，不含铁、铝、镁等杂质。有时，为了操作方便，防止生产中因盐水和酸液外溅而使用盐片，盐片可依罐头的具体用量专门制作，内含酸类、钙盐、维生素 C 以及谷氨酸钠和香辛料等。

（3）调味液的配制

蔬菜罐头调味液的种类很多，但配制的方法主要有两种：一种是将香辛料先经一定的熬煮制成香料水，再与其他调味料按比例制成调味液；另一种是将各种调味料、香辛料（可用布袋包裹，配成后连袋去除）一起一次配成调味液。

3. 装罐

原料应根据产品的质量要求按不同大小、成熟度、形态分开装罐，装罐时要求重量一致，符合规定的重量。质地上应做到大小、色泽、形状一致，不混入杂质。装罐时应留有适当的顶隙。

装罐可采用人工方法或机械方法进行。在装罐时应注意以下问题：

其一，要确保装罐量符合要求。装入量因产品种类和罐形大小而异，罐头食品的净重和固形物含量必须达到要求。一般要求每罐固形物含量为 45%~65%。各种果蔬原料在装罐时应考虑其本身的缩减率，通常按装罐要求多装 10% 左右。另外，装罐后要把罐头倒过来倾水 10s 左右，以沥净罐内水分，保证开罐时的固形物含量和开罐糖度符合规格要求。

其二，罐内应保留一定的顶隙。所谓顶隙即食品表面至罐盖之间的距离。顶隙过大则内容物不足，且由于有时加热排气温度不足，空气残留多会造成氧化；顶隙过小内容物含量过多，杀菌时食物膨胀而使压力增大，造成假胖罐。一般装罐时罐头内容物表面与翻边相距 4mm～8mm，在封罐后顶隙为 3mm～5mm。

其三，保证内容物在罐内的一致性。同一罐内原料的成熟度、色泽、大小、形状应基本一致，搭配合理，排列整齐。

其四，保证产品符合卫生要求。装罐时注意卫生，严格操作，防止杂物混入罐内，保证罐头质量。此外，装罐时还应注意防止半成品积压，特别是在高温季节，注意保持罐口的清洁。

（四）排气

排气即利用外力排除罐头产品内部空气的操作。它可以使罐头产品有适当的真空度，利于产品的保藏和保质，防止氧化；防止罐头在杀菌时由于内部膨胀过度而使密封的卷边破坏；防止罐头内好气性微生物的生长繁殖；减轻罐头内壁的氧化腐蚀；真空度的形成还有利于罐头产品进行打检和在货架上确保质量。打检目的是明了罐内所装内容重量情形（过轻或过重）及真空度是否良好。打检棒通常用铸铁或不锈钢制成，重 30g～50g，长 20cm～25cm，先端球直径为 1cm，以打检棒轻击罐盖或罐底，根据所发出音响及打检棒振动的感触以判别罐的良否。

目前，我国常用的排气方法有加热排气法、真空封罐排气法及蒸汽喷射排气法。加热排气法能较好地排除食品组织内部的空气，获得较好的真空度，还能起到某种程度的脱臭和杀菌作用。但是加热排气法对食品的色香味有不良影响，对于某些水果罐头有不利的软化作用，且热量利用率较低。真空封罐排气法已广泛应用于肉类、鱼类和部分果蔬类罐头等的生产。凡汤汁少而空气含量多的罐头，采用此法的效果比较好。蒸汽喷射排气法适用于大多数加糖水或盐水的罐头食品和大多数固态食品等，但不适用于干装食品。

排气影响真空度的因素有：

排气时间与温度。加热排气时的温度越高，密封时的温度也越高，罐头的真空度也就高。一般要求罐头中心温度达到 70℃～80℃。

顶隙大小。顶隙大的真空度高；否则，真空度反而低。

其他。原料的酸度、开罐时的气温、海拔高度等均在一定程度上影响真空度。真空度太高，易使罐头内汤汁外溢，造成不卫生和装罐量不足，因而应掌握在汤汁不外溢时的最高真空度。

（五）密封

罐头密封可以阻止罐内外空气、水等流通，防止罐外部微生物渗入罐内，通过杀菌处理能杀灭罐内腐败菌，能防止罐头食品的败坏、变质，进而能长期贮存。若密封不完全，则所有杀菌、包装等操作就没有意义。所以，密封在罐头食品制造过程中是最为重要的基本作业之一，隔绝食品与外界的接触，防止二次污染，这是罐头生产工艺中至关重要的一环。封罐方法因罐藏容器种类不同而异，本书不再详述。

（六）杀菌

罐头食品杀菌，不仅可以杀死一切对罐头食品起败坏作用和产毒致病的微生物，而且起到一定的调煮作用，可改进食品质地和风味，使其更符合食用要求。罐头食品杀菌目的不同于细菌学上的杀菌，后者是杀死所有的微生物，而前者则只要求达到"商业无菌"状态。所谓商业无菌，是指罐头杀菌之后，不含有致病微生物和在常温下能够繁殖的非致病微生物。

1. 杀菌公式

选择耐热性最强并有代表性的腐败菌或引起食品中毒的细菌作为主要的杀菌对象菌。罐头食品的酸度（或 pH 值）是选定杀菌对象菌的重要因素。杀菌计算的程序并不是一个简单的问题，它取决于一系列因素，包括产品的性质、稠度、颗粒大小、罐头的规格、罐藏工序、污染细菌的来源、数量、腐败微生物的耐热性等。

罐头食品杀菌规程包括杀菌温度、杀菌时间和反压，表达杀菌工艺条件和要求的杀菌式。杀菌工艺条件制定的原则是在保证罐藏食品安全性的基础上，尽可能地缩短杀菌时间，以减少热力对食品品质的影响。杀菌温度的确定是以杀菌对象为依据，一般以杀菌对象的热力致死温度作为杀菌温度。杀菌时间的确定则受多种因素的影响，在综合考虑的基础上，通过计算确定。

杀菌条件确定后，通常用杀菌公式来表示，即把杀菌温度、杀菌时间排列成公式的形式。

初温是指杀菌器中开始升温前罐头内部的温度，对杀菌的目的效果影响很大。初温高，达到杀菌温度所需时间短。从排气、封罐至杀菌的时间间隔越短越好。

中心温度就是罐头食品内最迟加热点的温度。杀菌所需时间必须从中心温度达到杀菌所需温度时算起。

2. 杀菌方法

依杀菌加热的程度分，果蔬罐头的杀菌方法有下述三种：

（1）巴氏杀菌法

一般采用 65℃～95℃，用于不耐高温杀菌而含酸较多的产品，如一部分水果罐头、糖醋菜、番茄汁、发酵蔬菜汁等。

（2）常压杀菌法

所谓常压杀菌即将罐头放入常压的热沸水中进行杀菌，凡产品 pH 值小于 4.5 的蔬菜罐头制品均可用此法进行杀菌。常见的如番茄酱、酸黄瓜罐头。一些含盐较高的产品如榨菜、雪菜等也可用此法。

（3）加压杀菌法

将罐头放在加压杀菌器内，在密闭条件下增加杀菌器的压力，由于锅内的蒸汽压力升高，水的沸点也升高，从而维持较高的杀菌温度。大部分蔬菜罐头，由于含酸量较低，杀菌需较高的温度，一般需 115℃～121℃。特别是那些富含淀粉、蛋白质及脂肪类的蔬菜，如豆类、甜玉米及蘑菇等，必须在高温下较长时间处理才能达到目的。

罐头杀菌设备根据其密闭性可以分成开口式和密闭式两种，常压杀菌使用前者，加压则使用后者。按照杀菌器的生产连续性又可分为间歇式和连续式。目前我国大部分工厂使用的为间歇式杀菌器，这种设备效率低，产品质量差。

3. 影响杀菌效果的因素

杀菌是罐藏工艺中的关键工序。影响杀菌的因素是多方面的。

（1）微生物

微生物的种类、抗热力和耐酸能力对杀菌效果有不同的影响，但杀菌还受果蔬食品中细菌的数量以及环境条件的影响。

（2）果蔬原料

果蔬原料营养丰富，其组织结构和化学成分是复杂的，对杀菌以及以后的贮存期限有不同的影响。从杀菌的角度来看，应着重考虑以下几个方面的因素：

①原料的酸度（pH 值）。这是影响细菌耐热性的一个重要因素。绝大多数细菌在中性介质中有最大的耐热性，细菌的孢子在低 pH 值条件下是不耐热的。pH 值愈低，酸度愈高，芽孢杆菌的耐热性愈弱。pH 值对微生物活动的影响在罐头杀菌的实际应用中有重要的意义。

②糖。糖对孢子有保护作用。一般认为，糖使孢子的原生质部分脱水，防止蛋白质的凝结，使细胞处于更稳定的状态。微小的糖浓度差异则不易看出这种作用。装罐的食

品和填充液的糖浓度较高，则杀菌时间应较长。

③无机盐。浓度不高于4%的食盐溶液对孢子有保护作用，高浓度的食盐溶液则降低孢子的耐热性。食盐也可有效地抑制腐败菌的生长，亚硝酸盐会降低芽孢的耐热性，磷酸盐能影响孢子的耐热性。

④酶。酶是一种蛋白质，具有生物催化活性，在酸性和高酸性食品中常引起风味色泽和质地的败坏。在较高温度下，酶蛋白结构受破坏而失去活性。一般来讲，过氧化物酶系统的钝化常作为酸性罐头食品杀菌的指标。

（3）传热的方式和传热速度

罐头杀菌时，热的传递主要以热水或蒸汽为介质，因此杀菌时必须使每个罐头都能直接与介质接触。热量由罐头外表传至罐头中心的速度对杀菌效果有很大影响，影响罐头食品传热速度的因素主要有以下几方面：

①罐头容器的种类和形式。马口铁罐比玻璃罐具有较大的传热速率，其他条件相同时，玻璃罐的杀菌时间需稍延长。罐型越大，则热由罐外传至罐头中心所需时间越长，而以传导为主要传热方式的罐头更为显著。

②食品的种类和装罐状态。流质食品由于对流作用使传热较快，但糖液、盐水等传热进度随其浓度的增加而降低。各种食品含水量的多少、块状大小、装填的松紧、汁液的多少等都直接影响到传热速度。

③罐头的初温。初温的高低影响罐头中心达到所需杀菌温度的时间，因此在杀菌前注意提高和保持罐头食品的初温。装罐时提高食品和汤汁的温度，排气密封后及时杀菌，就容易在预定时间内达到杀菌效果，对于不易形成对流和传热较慢的罐头更为重要。

④杀菌锅的形式和罐头在杀菌锅中的位置。静止间隙的杀菌锅不及回转式杀菌锅效果好，在杀菌过程中由于旋转，可使罐内食品形成机械对流，将提高传热性能，加快罐内中心温度上升，缩短杀菌时间。

4. 杀菌操作时的注意事项

（1）罐头装筐或装篮时应保证每个罐头所有的表面都能经常和蒸汽接触，即注意蒸汽的流通。

（2）升温期间，必须注意排气充足，控制升温时间。

（3）严格控制保温时间和温度，此时要求杀菌锅的温度波动不超过±0.5℃。

（4）注意排出冷凝水，防止它的积累，降低杀菌效果。

（5）尽可能保持杀菌罐头有较高的初温，因此不要堆积密封之后的罐头。

（6）杀菌结束后，杀菌锅内的压力不宜过快下降，以免罐头内外压力差急增，造成密封部位漏气或永久膨胀。对于大型罐和玻璃瓶要注意反压，需加压缩空气或高压水后，关闭蒸汽阀门，使锅内温度下降。

（七）冷却

罐头食品加热杀菌结束后应当迅速冷却，因为热杀菌结束后的罐内食品仍处于高温状态，还在继续对它进行加热作用，如不立即冷却，食品质量就会受到严重影响，如蔬色泽变暗，风味变差，组织软烂，甚至失去食用价值。此外，冷却缓慢时，在高温阶段（50℃～55℃）停留时间过长，还能促进嗜热性细菌繁殖活动，致使罐头变质腐败。继续受热也会加速罐内壁的腐蚀作用，特别是含酸高的食品。因此，罐头杀菌后冷却越快，对食品的品质越有利；但对玻璃罐的冷却速度不宜太快，常采用分段冷却的方法，即80℃、60℃、40℃三段，以免爆裂受损。

罐头杀菌后一般冷却到38℃～43℃即可。因为冷却到过低温度时，罐头表面附着的水珠不易蒸发干燥，容易引起锈蚀，冷却只要保留余温足以促进罐头表面水分的蒸发而不致影响败坏即可，实际操作温度还要看外界气候条件而定。

1.冷却方法

常压杀菌的罐头在杀菌完毕后，即转到另一冷却水池中进行冷却。玻璃罐冷却时水温要分阶段逐渐降温，以避免破裂损失。金属罐头则可直接进入冷水中冷却，高压杀菌下的罐头需要在加压的条件下进行冷却。高压杀菌的罐头在开始冷却时，由于温度下降、外压降低，而内容物的温度下降比较缓慢，内压较大，会引起罐头卷边松弛和裂漏，还会发生突角、爆罐事故。为此，冷却时要保持一定的外压以平衡其内压。目前最常用的是用压缩空气打入来维持外压，然后放入冷水，随着冷却水的进入，杀菌锅压力降低。因此，冷却初期压缩空气和冷水同时不断地进入锅内。冷却水进锅的速度，应使蒸汽冷凝时的降压量能及时地从同时进锅的压缩空气中获得补偿，直至蒸汽全部冷凝后，即停止进压缩空气，使冷却水充满全锅，调整冷水进出量，直至罐温降低到40℃～50℃为止。

2.冷却用水

罐头冷却过程中有时由于机械原因或因罐盖胶圈暂时软化会造成暂时性或永久性隙缝，尤其是当罐头在水中冷却时间过长，以致罐内压力下降到开始形成真空度的程度时，罐头就可能在内外压力差的作用下吸入少量冷却水，并因冷却水不洁而导致微生物污染，成为罐头今后贮运过程中出现腐败变质的根源。因而，加压冷却使用清洁水（即微生物含量极低的水）的问题必须充分重视。一般认为用于罐头的冷却水含活的微生物为每毫升不超过50个为宜。为了控制冷却水中微生物含量，常采用加氯的措施。次氯酸盐和氯气为罐头工厂冷却水常用的消毒剂。只有在所有卷边质量完全正常后才可在冷却水中采用加氯措施。加氯必须小心谨慎并严格控制，一般控制冷却水中含游离氯 $3\sim5$mg/kg。

（八）保温与商业无菌检查

为了保证罐头在货架上不发生因杀菌不足引起败坏，传统的罐头工业常在冷却之后采用保温处理。具体操作是将杀菌冷却后的罐头放入保温室内，中性或低酸性罐头在 37℃下最少保温一周，酸性罐头在 25℃下保温 7d～10d，然后挑选出胀罐，再装箱出厂。但这种方法会使罐头质地和色泽变差，风味不良。同时有许多耐热菌也不一定在此条件下发生增殖而导致产品败坏。因而，这一方法并非万无一失。

目前推荐采用所谓的"商业无菌检验法"，此法首先基于全面质量管理，其方法要点如下：

①审查生产操作记录，如空罐检验记录、杀菌记录、冷却水的余氯量等。

②按照每杀菌锅抽两罐或千分之一的比例进行抽样。

③称重。

④保温。

低酸性食品在（36±1）℃下保温 10d，酸性食品在（30±1）℃下保温 10d。预定销往 40℃以上热带地区的低酸性食品在（55±1）℃下保温 10d。

（5）开罐检查。开罐后留样、涂片，测 pH 值，进行感官检查。此时如发现 pH 值、感官质量有问题，即进行革兰氏染色，镜检。显微镜观察细菌染色反应、形态、特征及每个视野的菌数，与正常样品对照，判别是否有明显的微生物增殖现象。

（6）结果判定

①通过保温发现胖听或泄漏的为非商业无菌。

②通过保温后正常罐开罐后的检验结果可参照标准进行。

（九）贴标签、贮藏

经过保温或商业无菌检查后，未发现胀罐或其他腐败现象，即检验合格，贴标签。标签要求贴得紧实、端正，无皱折。

合格的产品贴标、装箱后，贮藏于专用仓库内。要求罐头的贮存条件为温度 10℃～15℃，相对湿度 70%～75%。

二、常见的罐头败坏现象及其原因

1.罐头胀罐

罐头底或盖不像正常情况下呈平坦状或向内凹，而出现外凸的现象称为胀罐，也称胖听。根据底或盖外凸的程度，又可分为隐胀、轻胀和硬胀三种情况。根据胀罐产生的原因又可分为三类，即物理性胀罐、化学性胀罐和细菌性胀罐。

（1）物理性胀罐

①胀罐原因：罐制品内容物装得太满，顶隙过小；加压杀菌后，降压过快，冷却过速；排气不足或贮藏温度过高等。

②预防措施：严格控制装罐量；装罐时顶隙控制在 3mm～8mm，提高排气时罐内中心温度，排气要充分，封罐后能形成较高的真空度；加压杀菌后反压冷却速度不能过快；控制罐制品适宜的贮藏温度。

（2）化学性胀罐（氢胀罐）

①胀罐原因：高酸性食品中的有机酸与罐藏容器（马口铁罐）内壁起化学反应，产生氢气，导致内压增大而引起胀罐。

②预防措施：空罐宜采用涂层完好的抗酸全涂料钢板制罐，以提高罐对酸的抗腐蚀性能；防止空罐内壁受机械损伤，出现露铁现象。

（3）细菌性胀罐

①胀罐原因：杀菌不彻底或密封不严使细菌重新侵入而分解内容物，产生气体，使罐内压力增大而造成胀罐。

②预防措施：罐藏原料充分清洗或消毒，严格注意加工过程中的卫生管理，防止原料及半成品的污染；在保证罐制品质量的前提下，对原料进行热处理，以杀灭产毒致病的微生物；在预煮水或糖液中加入适量的有机酸，降低罐制品的 pH 值，提高杀菌效果；严格控制封罐质量，防止密封不严；严格控制杀菌环节，保证杀菌质量。

2.玻璃罐头杀菌冷却过程中的跳盖现象以及破损率高

（1）跳盖及破损率高原因

罐头排气不足；罐头内真空度不够；杀菌时降温、降压速度快；罐头内容物装得太多，顶隙太小；玻璃罐本身的质量差，尤其是耐温性差。

（2）预防措施

罐头排气要充分，保证罐内的真空度；杀菌冷却时，降温降压速度不要太快，进行常压冷却时，禁止冷水直接喷淋到罐体上；罐头内容物不能装太多，保证留有一定的空隙；定做玻璃罐时，必须保证玻璃罐具有一定的耐温性；利用回收的玻璃罐时，装罐前必须认真检查罐头容器，剔除所有不合格的玻璃罐。

3. 果蔬罐头加工过程中变色现象

（1）变色原因

果蔬中固有化学成分引起的变色，如：果蔬中的单宁、色素、含氮物质、抗坏血酸氧化引起的变色；加工罐头时，原料处理不当引起的变色；罐头成品贮藏温度不当引起的变色。

（2）预防措施

控制原料的品种和成熟度，采用热烫进行护色时，必须保证热烫处理的温度与时间；采用抽空处理进行护色时，应彻底排净原料中的氧气，同时在抽空液中加入防止褐变的护色剂，可有效地提高护色效果；果蔬原料进行前处理时，严禁与铁器接触。绿色蔬菜罐头灌注液的 pH 值调至中性偏碱并选用不透光的包装容器。

4. 果蔬罐头固形物软烂及汁液浑浊

（1）果蔬罐头固形物软烂及汁液浑浊产生的原因

果蔬原料成熟度过高；原料进行热处理或杀菌的温度高，时间长；运销中的急剧震荡，内容物的冻溶，微生物对罐内食品的分解。

（2）预防措施

选择成熟度适宜的原料，尤其是不能选择成熟度过高而质地较软的原料；热处理要适度，特别是烫漂和杀菌处理，要求既起到烫漂和杀菌的目的，又不能使罐内果蔬软烂；原料在热烫处理期间，可配合硬化处理；避免成品罐头在购运与销售过程中的急剧震荡、冻溶交替以及微生物的污染等。

第三节　果脯蜜饯加工技术

糖制是果脯蜜饯加工的主要工艺。糖制过程是果蔬原料排水吸糖过程，糖液中糖分依赖扩散作用进入细胞间隙，再通过渗透作用进入细胞内，最终达到要求的含糖量。

糖制方法有蜜制（冷制）和煮制（热制）两种。蜜制适用于皮薄多汁、质地柔软的原料；煮制适用于质地紧密、耐煮性强的原料。

一、果脯加工的工艺流程

（一）果脯的分类

1.果脯

去皮切分（或不切分）的块状果蔬经糖渍后晾晒或烘制而成的棕黄色或琥珀色、果体透明、表面干燥而不粘手的制品。

2.不透明糖衣果脯

去皮切分（或不切分）的块状果蔬经糖渍后烘制，然后在表面包被一层粉末状糖衣，呈不透明状的制品。

3.透明糖衣果脯

去皮切分（或不切分）的块状果蔬经糖渍后烘制，然后在表面包被一层透明似蜜的糖质薄膜，呈半透明状的制品。

（二）果脯的加工

1.工艺流程

原料选择与处理（清洗、去皮、切分、去核、去心、硬化、护色）→煮制→烘制（50℃～60℃）→整形→上糖衣→包装

2.操作要点

（1）原料的选择与处理

加工果脯蜜饯类制品的原料处理包括清洗、去皮、切分、去核、去心、硬化、护色等工序。选择原料应特别注意成熟度，成熟度太高，易煮烂；成熟度太低，组织致密，不利于糖扩散。

（2）煮制

加糖煮制的作用是使糖渗透到果实内部，煮制时间、温度、加糖次数以及煮制液的糖浓度都直接影响成品质量。按照煮制过程的操作不同，煮制方法可分为常压煮制和真

空煮制。常压煮制是指处理后的原料于常压条件下在糖液中煮制的过程；真空煮制是指处理后的原料于真空条件下在糖液中煮制的过程。常压煮制法又可分为一次煮成法、先浸后煮法与多次煮成法。

①一次煮成法

将40%～50%的糖液倒入夹层锅内，再将处理好的果实倒入盛有糖液的锅中（处理后的原料25kg～30kg需加糖液35kg～40kg），猛火加热使糖液沸腾，然后分次加白砂糖煮制，每次加糖量为5kg～7kg，使糖液浓度缓慢升至65%以上，煮至果体透明、肉质肥厚、内无白心，即可出锅。分次加糖的目的是保持果实内外糖液浓度差异不要过大，使糖逐渐渗透到果蔬组织内部；反之，如果一次加糖过多，糖液浓度骤然升高，果蔬组织在较短的时间内失水太多而急剧收缩，加上高浓度糖液的黏度较高，会使糖液中的糖不易深入果蔬组织内部，从而导致制品干缩而不饱满。在煮制过程中适当地配合加入冷糖液，使锅内糖液温度降低，正在糖煮的半成品也因降温导致果蔬内部蒸气变得稀薄，内压降低，可以促进糖的渗透。一次煮成法适用于苹果、沙枣等品种的糖制。

一次煮成法快速省工，但果实受热时间较长，容易软烂，长时间加热影响产品的色、香、味，而且维生素损失较多。

②先浸后煮法

配制50%的糖溶液，倒入夹层锅内，加热至80℃～90℃，然后将热的浓糖液倒入盛有处理后原料的容器内，浸渍12h～24h。浸渍完毕后，将糖液过滤，弃去沉淀，将糖液与浸渍的果实置于加热的夹层锅内，文火加热至微沸，分次加糖，使糖液浓度缓慢升至60%，煮制至果体透明、果实饱满、内无白心，出锅。

先浸后煮法缩短了煮制时间，避免果实煮烂，但需要长时间浸渍，适于较易煮烂的果实。

③多次煮成法

配制30%～40%的糖溶液，倒入夹层锅内，加热至沸腾，将处理后的原料倒入盛有糖液的夹层锅内（果实40kg～60kg需糖液25kg～50kg），煮制2min～5min，然后将果实与糖液一同倒入缸中，浸渍12h～24h。在上述煮制和浸渍的过程中，果肉细胞膜与细胞壁变性，增加了透性，使糖缓慢深入果肉中。加糖，将糖液浓度提高到50%～55%，再加热煮沸几分钟至十几分钟，再在大缸内浸渍12h～24h。再加糖，将糖液浓度提高至65%，煮制至果体透明、饱满、内无白心，捞出果实，沥去糖液。

多次煮成法与一次煮成法相比，果实在煮制过程中受热时间短，不易产生煮烂现象，有利于保持果实原有的色、香、味以及营养成分，糖的渗透扩散协调平衡，制品不易干缩。但浸渍时间较长，操作复杂，加工时间较长。该法适用于桃、梨、杏等易煮烂的果实。

④真空煮制

真空煮制是将处理后的果实在真空条件下（真空度 83.545Pa）依次由低浓度糖液到高浓度糖液（60%～70%）中煮制与浸渍的过程，煮制的温度为 55℃～70℃。在真空条件下煮制时，果实内部的压力低，解除真空并放入空气时，形成果实内外的压力差，促使糖渗入果肉内部。这种煮制方法采用的温度低，所以能较好地保持原料原有的色、香、味与营养成分，有效地防止煮烂。此法适用于易煮烂果蔬原料的糖制。

（3）烘制

原料糖煮后捞出，沥干表面糖液，铺在烘盘上，在 50℃～60℃烘房内烘制至水分含量为 18%～20%，果体饱满透明，不粘手，不皱缩，表面无结晶，质地柔软。

（4）整理果脯

经烘制后，对果块要进行整理，去除不整齐的棱角，需要特定形状的制品需整形。例如，柿饼在烘制后期应压制为扁平状，使其外观整齐一致。

（5）上糖衣

透明糖衣果脯的上糖衣是将烘制整形后的制品倒入糖液中浸渍 1min 后捞出，散放在烘盘上，50℃条件下烘至不粘手，且表面形成一层透明的糖质薄膜。不透明糖衣果脯要求糖煮烘制后的制品在表面裹一层白糖粉，或在糖煮时，使糖液达到过饱和程度，冷却后表面形成一层糖结晶即可。

（6）包装

整形后的果脯应采用玻璃纸包装，然后装入塑料袋内密封，也可直接装入塑料袋内，最后装箱。

二、蜜饯类加工的工艺流程

（一）蜜饯的分类

1.蜜饯

去皮切分（或不切分）的块状果蔬经糖渍后，在其表面粘一层透明似蜜的浓糖浆的制品。

2.带汁蜜饯

去皮切分的块状果蔬经糖渍后，保存于浓糖液中的制品。

蜜饯是经糖煮后的制品捞出后，稍加晾晒，即用塑料袋包装的制品。

带汁蜜饯是经糖煮后的制品与浓糖液一起装入罐头瓶内，然后密封、杀菌、冷却而得的制品。将煮制后捞出的果块装入罐内，然后灌入过滤后的浓糖液，糖液量为总净重的 45%～55%，真空封罐，在 90℃ 的条件下杀菌 20min～40min，冷却，贴标，即为成品。

（二）蜜饯的加工

1. 工艺流程

①原料选择与处理→煮制→晾晒→蜜饯

②原料选择与处理→煮制→装罐（弄糖液）→密封→杀菌→带汁蜜饯

2. 操作要点

蜜饯或带汁蜜饯的原料选择与处理、煮制的工艺过程同果脯的加工相似。

三、关键控制点及预防措施

（一）褐变

糖制品在加工过程及贮存期间都可能发生变色，原因主要有：

①果实中的酚类物质氧化引起的酶褐变。

②糖液与原料中的含氮物质发生缩合反应，引起的羰氨反应褐变。

③糖煮、烘烤干燥的条件及操作方法不当，导致的焦糖化褐变。

控制措施：

①亚硫酸处理。亚硫酸及其盐类是一种强氧化剂，常用浓度一般为 0.3%～0.6%。必须严格控制用量，否则不仅影响制品的风味，而且不符合食品卫生要求。

②热烫处理。生产常用沸水或蒸汽处理原料 2min～5min。但应注意热烫后必须迅速冷却，以减少营养物质的损失。

③护色液浸泡。原料去皮切分处理后，应将原料迅速放入护色液中，避免酚类物质接触空气而氧化变色。生产上常用的护色液有 1% 的柠檬酸，或使用 1%～2% 稀盐水。

④排出氧气，减少氧气供给。减少氧气供给是防止褐变的主要方法之一。在整个加工工艺中尽可能地缩短果品与空气接触的时间，防止氧化。生产上可采用脱氧剂，或抽气充氮等措施来减少氧气的含量。

⑤改善糖煮和干燥的条件。糖煮或干燥时，在达到目的前提下，应尽可能缩短煮制时间或干燥时间。在糖煮干燥时，应经常翻动，避免糖的焦化。在加工中要尽可能缩短受热处理的过程，特别是果脯类在贮存期间要控制在较低的温度，如12℃～15℃，对于易变色品种最好采用真空包装。在销售时要注意避免阳光暴晒，减少与空气接触的机会。注意加工用具一定要用不锈钢制品。

（二）返砂和流汤

果脯的"返砂"原因：质量正常的果脯，应为质地柔软，鲜亮而呈透明感。果脯中的总糖含量为68%～70%，含水量为17%～19%，转化糖占总糖的30%～40%时，在适当的贮藏条件下，不会产生返砂现象。如果在糖煮过程中掌握不当，原料含酸太低，转化糖含量不足（小于30%），比例失调，加上贮藏温度过低，就会造成果脯的返砂，造成产品质地变硬而且粗糙，表面失去光泽，容易破损，品质降低。

解决果脯"返砂"的措施：首先，糖煮时，在糖液中加入部分饴糖或淀粉糖浆、转化糖（一般不超过20%）；或添加明胶、果胶、动物胶、蛋清，以减缓和抑制糖的晶析。其次，糖煮时在糖液中加入适量的柠檬酸，以保持糖液的pH值在2.5～3，促进蔗糖转化，保持糖煮液和制品中转化糖含量在66%左右。再次，果脯蜜饯贮藏温度以12℃～15℃为宜，切勿低于10℃，相对湿度应控制在70%以下。最后，对于已返砂的果脯，可将其放在15%的热糖液中烫一下，然后烘干即可。

果脯的"流汤"原因：主要原因是果脯中转化糖含量太高（高于70%），特别是在高温高湿季节，容易使产品潮解，表面发黏而出现"流汤"现象，使产品易受微生物侵染而变质。

解决果脯"流汤"的措施：糖煮时加酸不宜过多，煮制时间不宜过长，以防止糖过度转化；烘烤初温不宜过高（50℃～60℃），防止表面干缩而阻碍内部水分向外扩散。在成品贮藏时，应采用密闭贮藏。

（三）煮烂和皱缩

原料选择不当，预处理方法不当，糖渍时间太短，加热煮制时间和温度掌握不当，均会引起煮烂和干缩现象。

1. 煮烂现象

煮烂原因：主要是原料品种选择不当，或成熟度过高。在加工过程中，糖煮温度过高，或时间过长，划纹太深等均会出现煮烂现象。

解决煮烂措施：首先，选择成熟度为七八成、耐热煮的原料。其次，在预处理过程中加适量的硬化剂，使其组织硬化，防止煮烂。

2. 干缩现象

干缩原因：主要原因是原料成熟度不够，太生，或糖渍时间太短，糖分未被原料吸收或吸收极少；糖煮时糖度不够，糖煮时间太短等。

解决措施：首先，适当延长糖渍时间，使果实充分吸收糖分后再进行糖煮，掌握适当糖煮时间。其次，在煮制糖液中添加亲水性胶体，如在糖液中添加 0.3% 羧甲基纤维素钠、0.3% 低甲氧基果胶或 0.3% 海藻酸钠，或添加 0.2% 海藻酸钠和 0.1% 氯化钙，均可使果脯的饱满度增加，防止干缩。

（四）应当返砂却不返砂

返砂蜜饯，其质量应是产品表面干爽有结晶糖霜析出，不黏不燥。造成不返砂的主要原因是：第一，原料处理没有添加硬化剂。第二，原料烫漂时间不够，果胶没有除尽。第三，糖渍时，糖液发稠。第四，糖煮时间太长，糖浆发黏，糖液的浓度太低。第五，原料本身含酸量太高。第六，在糖煮时，半成品有发酵现象。

解决的办法：第一，在处理原料时，应添加一定数量的硬化剂（0.1%～0.2% 氯化钙）。第二，延长烫漂时间，并在漂洗时尽量漂除残留的硬化剂。第三，延长糖煮时间。第四，糖煮时尽量采用新糖液，或添加适量白砂糖。第五，保持糖液 pH 值在 7.0～7.5。第六，密切注意糖渍的半成品，防止发酵；增加用糖量或添加防腐剂，防止半成品发酵。

（五）废水、废汁、废糖液的利用

果脯和蜜饯加工过程中，所产生的废水、废汁、废糖液常被作为废弃液倒掉，不但导致资源浪费，而且会引起环境污染。如经过收集、过滤溶液等处理，即可制成果冻、果汁、果酒等。糖煮过的废糖液可多次使用，最后不能再用时，糖液中所含某一加工原料的营养成分很多，仍可把它加工成果汁、果酒等，不但营养丰富，而且具有原料的典型风味。

第四节　果酱加工技术

果酱类制品以果蔬的汁、肉加糖及配料，经加热浓缩制成。原料在糖制前需先进行破碎、软化、磨细、筛滤或压榨取汁等预处理，然后按照产品的不同要求，进行加热浓缩及其他处理。

果酱类制品包括果酱、果泥、果冻、果糕以及果丹皮等。果酱类制品呈糊状，含糖55%以上，含酸1%左右，甜酸适口，口感细腻，如苹果酱、草莓酱等。果泥制品呈酱糊状，含糖60%以上，酸含量稍低于果酱，如枣泥、胡萝卜泥等。果冻是用含果胶丰富的果品为原料，经压榨取汁，加糖、酸合煮浓缩冷却成型而成的。果糕是果蔬经软化后打浆，然后加糖、酸、果胶（酸和果胶含量高的原料可不加）浓缩而成的半固体状凝胶制品。果丹皮是将制取的果泥刮片，经烘制而成的薄皮。

一、工艺流程

（一）工艺流程

原料处理→加热软化→打浆→配料浓缩→装罐密封→杀菌→冷却

（二）操作要点

1.原料选择

生产果酱类制品（除果泥外）的原料要求果胶与酸含量高，芳香味浓，成熟度适宜，加热不易产生异味，对于含果胶与酸少的原料，要求浓缩时适量添加果胶与柠檬酸，或与富含果胶与酸的原料复配。

2.原料处理

剔除霉烂变质、病虫害严重的果实，对原料进行洗涤、去皮、切分、去心等处理，为软化打浆做准备。

3. 软化打浆

软化的目的是破坏酶的活性，防止变色和果胶水解，软化果肉组织，便于打浆，促使果肉中果胶渗出。加热软化用水或糖液为原料的 20%～50%，热处理温度为 95℃以上，软化后的原料与软化用水或糖溶液一并用打浆机打浆，制得果肉浆液，该果肉浆液用于加工果酱、果泥或果丹皮。

4. 配料

果酱的配方依原料分类及产品标准要求而异，一般要求果肉占总原料量的 40%～55%，砂糖占 45%～60%。必要时原料中可适量添加柠檬酸及果胶。柠檬酸补加量一般以控制成品含酸量 0.5%～1%，果胶补加量以控制成品含果胶量 0.4%～0.9%为宜。

注意配料使用前应配成浓溶液过滤后备用。白砂糖配成 70%～75%的溶液，柠檬酸配成 50%的溶液。果胶粉不易溶于水，可先与其质量 4～6 倍的白砂糖充分混合均匀，再加以 10～15 倍的水在搅拌下加热溶解。

5. 加糖浓缩

浓缩是果酱类产品的关键工艺，其目的是排除果肉原料中的大部分水分，破坏酶的活性及杀灭有害微生物，有利于制品的保存。同时糖、酸和果胶等配料与果肉煮制，渗透均匀，改善组织状态及风味。常用的浓缩方法有常压浓缩法和真空浓缩法。

（1）常压浓缩

将原料置于夹层锅内，在常压下加热浓缩。将原料与糖液充分混合后，用蒸汽加热浓缩。前期蒸汽压力较大，后期为防止糖液变褐焦化，蒸汽压力要降低。每次蒸汽量不要过多。再次下料量以控制出品 50kg～60kg 为宜，浓缩时间以 30min～60min 为宜。操作时注意不断搅拌，终点温度为 105℃～108℃，含糖量达 60%以上。

（2）真空浓缩（又称减压浓缩）

原料在真空条件下加热蒸发一部分水分，提高可溶性固形物浓度，达到浓缩的目的。浓缩有单效浓缩和双效浓缩两种。具体操作为先向锅内通入蒸汽，赶出空气，再开动离心泵，使锅内形成真空，当真空度达 0.035MPa 以上时，开启进料阀，待浓缩的物料靠锅内的真空吸力吸入锅中，达到容量要求后，开启蒸汽阀门和搅拌器进行浓缩。加热蒸汽压力保持在 0.098MPa～0.147MPa 时，锅内真空度为 0.087MPa～0.096MPa，温度为 50℃～60℃。浓缩过程中若泡沫上升剧烈，可开启锅内的空气阀，使空气进入锅内，抑制泡沫上升，待正常后再关闭。浓缩时应保持物料超过加热面，防止焦锅。当浓缩接近终点时，关闭真空泵开关，解除锅内真空，在搅拌下将果酱加热升温至 90℃～95℃，然后迅速关闭进气阀，出锅。

6. 装罐与封口

装罐前，清洗、消毒并检查罐装容器。将浓缩后的果酱、果泥直接装入清洗消毒后的容器中密封，在常温或高压下杀菌，冷却后为成品。一般要求每锅在 30min 左右装完，装罐时不能将果酱粘于罐口，应留 3mm～8mm 的顶隙，酱体的温度应该保持在 80℃～90℃，装罐后迅速封口并及时杀菌。果酱类大多数以玻璃瓶或防酸涂料铁皮罐为包装容器，果丹皮、丹糕等干制品采用玻璃纸包装。

7. 果酱杀菌

可采用沸水或蒸汽杀菌。杀菌温度和时间根据罐头品种与罐形决定，一般在 96℃～100℃下热处理 10min～15min。杀菌后迅速冷却至 38℃～40℃，擦干罐盖与罐身，贴标签后即为成品。

二、关键控制点及预防措施

（一）果酱类产品的汁液分泌

果酱类产品出现汁液分泌，是由于果块软化不充分、浓缩时间短或果胶含量低未形成良好凝胶。控制措施：原料软化充分，使果胶水解而溶出果胶；对果胶含量低的可适当增加糖量，添加果胶或其他增稠剂，增强凝胶作用。

（二）微生物败坏

糖制品在贮藏期间最易出现的微生物败坏是发霉和发酵产生酒精味。这主要是由于制品含糖量没有达到要求的浓度（65%～70%）。

控制措施：一定按要求添加糖量。但对于低糖制品一定要采取防腐措施，如添加防腐剂，真空包装，必要时加入一定的抗氧化剂，保证较低的贮藏温度等。对于罐装果酱一定要注意封口严密，以防止表层残氧过高，为霉菌提供生长条件，另外杀菌要彻底。

第五节　蔬菜腌制技术

蔬菜腌制是利用食盐及其他物质深入蔬菜组织内部，降低水分活度，提高渗透压，有选择地控制微生物的发酵作用，抑制腐败菌的生长繁殖，从而防止蔬菜的腐败变质。蔬菜腌制是一种传统的加工保藏方法，并不断得到改进和推广，产品质量不断提高。现代蔬菜腌制品的发展方向是低盐、增酸和微甜。

一、腌制品的分类

蔬菜腌制品的种类繁多，根据腌制工艺和食盐用量、成品风味等的差异，可分为发酵性腌制品和非发酵性腌制品两大类。

（一）发酵性腌制品

在腌制过程中，利用低浓度的盐分，经过乳酸发酵，并伴有轻微的酒精发酵，利用乳酸菌发酵所产生的乳酸与加入的食盐及调味料等一起达到防腐的目的，同时改善品质，增进风味。代表产品为泡菜和酸菜等。

发酵性腌制品根据原料、配料含水量不同，一般分为半干态发酵和湿态发酵两种。湿态发酵是原料在一定的卤水中腌制，如酸菜。半干态腌制是让蔬菜失去一部分水分，再用食盐及配料混合后腌渍，如榨菜，由于这类腌制品本身含水量较低，故保存期较长。

（二）非发酵性腌制品

在腌制过程中，不经发酵或微弱发酵，主要利用高浓度的食盐、糖及其他调味品进行保藏并改善风味。非发酵性腌制品依据所含配料及风味不同，分为咸菜、酱菜和糖醋菜三大类。

1.咸菜类

利用较高浓度的食盐溶液进行腌制保藏，并通过腌制改变风味，由于味咸，故称为咸菜。代表品种有咸萝卜、咸雪里蕻、咸大头菜等。

2. 酱菜类

将蔬菜经盐渍成咸菜后，再经过脱盐、酱渍而成的制品。如什锦酱菜、扬州八宝菜、乳黄瓜等。制品不仅具有原产品的风味，同时吸收了酱的色泽、营养和风味，因此酱的质量和风味对酱菜有极大的影响。

3. 糖醋菜类

将蔬菜制成咸菜并脱盐后，再经糖醋渍而成。糖醋汁不仅有保藏作用，同时使制品酸甜可口。代表产品有糖醋萝卜、糖醋蒜头等。

二、腌制原理

蔬菜腌制主要是利用食盐的保藏、微生物的发酵及蛋白质的分解等一系列生物化学作用，达到抑制有害微生物的效果。

（一）食盐的保藏作用

1. 高渗透压作用

食盐溶液具有较高的渗透压，1%的食盐可产生 618kPa 的渗透压，腌渍时食盐用量在 4%～15% 时，能产生 2472kPa～9271kPa 的渗透压，远远超过大多数微生物细胞的渗透压。食盐溶液渗透压大于微生物细胞渗透压，微生物细胞内的水分会外渗导致生理脱水，造成质壁分离，从而使微生物活动受到抑制，甚至会由于生理干燥而死亡。不同种类的微生物耐盐能力不同，一般对蔬菜腌制有害的微生物对食盐的抵抗力较弱。

霉菌和酵母对食盐的耐受力比细菌大得多，酵母菌的耐盐性最强，达到 25%，而大肠杆菌和变形杆菌在 6%～10% 的食盐溶液中就可以受到抑制。这种耐受力均是溶液呈中性时测定的，若溶液呈酸性，则所列的微生物对食盐的耐受力就会降低。如酵母菌在中性溶液中，对食盐的最大耐受浓度为 25%，但当溶液的 pH 值降为 2.5 时，只需 14% 的食盐浓度就可抑制其活动。

2. 降低水分活度

随着溶液中食盐浓度的增加，自由水的含量会越来越少，水分活度会下降，大大降低微生物利用自由水的程度，微生物的生长和繁殖受到抑制。

3. 抗氧化作用

与纯水相比，食盐溶液中的含氧量较低，对防止腌制品的氧化具有一定作用，可以减少腌制时原料周围氧气的含量，抑制好氧微生物的活动，同时通过高浓度食盐的渗透作用可排除组织中的氧气，从而抑制氧化作用。

食盐的防腐效果随浓度的提高而加强。但浓度过高会延缓有关生物化学作用，当盐浓度达到12%时，会感到咸味过重且风味不佳。因此，在生产上可采用压实、隔绝空气、促进有益微生物菌群快速发酵等措施来共同抑制有害微生物的败坏，控制食盐的用量，以生产出优质的蔬菜腌制品。

（二）微生物的发酵作用

在腌制品中有不同程度的微生物发酵作用，有利于保藏的发酵作用有乳酸发酵、微量的酒精发酵和醋酸发酵，不但能抑制有害微生物的活动，同时对制品形成特有风味起到一定的作用；也有不利于保藏的发酵作用，腌制时要尽量抑制。

1. 乳酸发酵

乳酸发酵是发酵性蔬菜腌制品加工中最重要的生化过程，它是在乳酸菌的作用下将单糖（葡萄糖、果糖等）和双糖（麦芽糖等）分解生成乳酸等物质。常见的乳酸菌有植物乳杆菌、德氏乳杆菌、肠膜明串珠菌等。根据发酵生成产物的不同可分为正型乳酸发酵和异型乳酸发酵。正型乳酸发酵的乳酸菌又称同型乳酸发酵，这种乳酸发酵只生成乳酸，而且产酸量高。参与正型乳酸发酵的乳酸菌有植物乳杆菌和乳酸片球菌等，在适宜条件下可积累乳酸量达1.5%～2.0%。此外还有异型乳酸发酵，蔬菜腌制前期，由于蔬菜中含有空气，并存在大量微生物，使异型乳酸发酵占优势，中后期以正型乳酸发酵为主。在蔬菜腌制过程中同时伴有微弱的酒精发酵和醋酸发酵。酒精发酵对腌制品在后熟中进行酯化反应生成芳香物质起到很重要的作用。

2. 影响乳酸发酵的因素

蔬菜腌制品加工中乳酸发酵占主导地位，在生产中应充分满足乳酸菌生长所需要的环境条件，以达到提高质量和保藏产品的目的。影响乳酸发酵的因素很多，主要有以下几个方面：

（1）食盐浓度

食盐溶液可以起到防腐作用，对腌制品的风味有一定影响，更影响到乳酸菌的活动能力。实验证明，随着食盐浓度的增加，乳酸菌的活动能力下降，乳酸产生量减少。在食盐浓度为 3%～5% 时，发酵产酸量最为迅速，乳酸的生成量最多；浓度在 10% 时，乳酸发酵作用大为减弱，乳酸生成较少；浓度达 15% 以上时，发酵作用几乎停止。腌制发酵性制品一定要把握好食盐的用量。

（2）温度

乳酸菌的生长适宜温度是 20℃～30℃，在此温度范围内，腌制品发酵快，成熟早，但此温度也利于腐败菌的繁殖，因此，发酵温度最好控制在 15℃～20℃，使乳酸发酵更安全。

（3）pH 值

微生物的生长和繁殖均需要在一定的 pH 值条件下进行，不同微生物所适应的最低 pH 值是不同的，其中乳酸菌耐酸能力较强，在 pH 值为 3 时仍可生长，而霉菌和酵母虽耐酸，但缺氧时不能生长。因此发酵前加入少量酸，并注意密封，可使正型乳酸发酵顺利进行，减少制品的腐败和变质。

（4）空气

乳酸发酵需要在厌氧条件下进行，这种条件能抑制霉菌等好氧性腐败菌的活动，且有利于乳酸发酵，同时减少维生素 C 的氧化。所以在腌制时，要压实密封，并立即使盐水没过原料以隔绝空气。

（5）含糖量

乳酸发酵是将蔬菜原料中的糖转变成乳酸。1g 糖经过乳酸发酵可生成 0.5g～0.8g 乳酸，一般发酵性腌制品中含乳酸量为 0.7%～1.5%，蔬菜原料中的含糖量常为 1%～3%，基本可满足发酵的要求。有时为了促进发酵作用的顺利进行，发酵前可加入少量糖。

在蔬菜腌制过程中，微生物发酵作用主要为乳酸发酵，其次是酒精发酵，醋酸发酵极轻微。腌制泡菜和酸菜要利用乳酸发酵，腌制咸菜及酱菜则必须抑制乳酸发酵。

（三）蛋白质的分解作用

蛋白质的分解及氨基酸的变化是腌制过程和后熟期中重要的生化反应，是蔬菜腌制品色、香、味的主要来源。蛋白质在蛋白酶作用下，逐步分解为氨基酸，而氨基酸本身具有一定的鲜味和甜味。如果氨基酸进一步与其他化合物作用可形成更复杂的产物。

1. 鲜味的形成

蛋白质分解所生成的各种氨基酸都具有一定的鲜味，但蔬菜腌制品的鲜味主要在于谷氨酸与食盐作用生成的谷氨酸钠。除了谷氨酸钠有鲜味外，另一种鲜味物质天冬氨酸的含量也较高，其他的氨基酸如甘氨酸、丙氨酸、丝氨酸等也有助于鲜味的形成。

2. 香气的形成

蔬菜腌制品香气的形成是多方面的，且形成的芳香成分较为复杂。氨基酸、乳酸等有机酸与发酵过程中产生的醇类相互作用，发生酯化反应形成具有芳香气味的酯，如氨基酸和乙醇作用生成氨基丙酸乙酯，乳酸和乙醇作用生成乳酸乙酯，氨基酸还能与戊糖的还原产物作用生成含有氨基的烯醛类香味物质，都为腌制品增添了香气。此外，乳酸发酵过程除生成乳酸外，还生成双乙酰。十字花科蔬菜中所含的黑芥子苷在酶的作用下分解产生的黑芥子油，也给腌制品带来芳香。

3. 色泽的形成

蛋白质水解生成的酪氨酸在酪氨酸酶或微生物的作用下，可氧化生成黑色素，这是腌制品在腌制和后熟过程中色泽变化的主要原因。同时，氨基酸与还原糖作用发生非酶促褐变形成的黑色物质不但色深而且有香气，其程度与温度和后熟时间有关。一般腌制和后熟时间越长，温度越高，制品颜色越深，香味越浓。在腌制过程中叶绿素也会发生变化，逐渐失去鲜绿的色泽，特别是在酸性介质中，叶绿素脱镁呈黄褐色或黑褐色，也会使腌制品的色泽改变。另外，在蔬菜腌制中添加香辛料也可以赋予腌制品一定的香味和色泽。

（四）质地的变化

质地脆嫩是蔬菜腌制品的重要标志之一。在腌制过程中如处理不当会使腌制品变软。蔬菜脆度主要与鲜嫩细胞和细胞壁的原果胶变化有密切关系。腌制初期蔬菜失水，脆性减弱，在腌制过程中，由于盐液的渗透平衡，又能使细胞恢复一定的脆度。保脆的方法主要是选择成熟适度的蔬菜原料，并在腌制前添加氯化钙等保脆剂，其用量为菜重的 0.05%。

总之，由于食盐的高渗透压作用和有益微生物的发酵作用，蔬菜腌制虽没有进行杀菌处理，但许多有害微生物的活动均被抑制，加之本身所含蛋白质的分解作用，不仅能使制品得以长期保存，而且还形成一定的色泽和风味。在腌制加工过程中，掌握食盐浓度与微生物活动及蛋白质分解各因素间的相互关系，是获得优质腌制品的关键。

三、腌制品的加工工艺

（一）泡菜的加工工艺

1. 工艺流程

原料选择→清洗、预处理→泡制与管理（卤水配置）→成品管理

2. 工艺要点

（1）原料选择

凡组织紧密、质地脆嫩、肉质肥厚、不易发软、富含一定糖分的幼嫩蔬菜均可作泡菜原料，如子姜、萝卜、胡萝卜、青菜头、辣椒、黄瓜、甘蓝等。

（2）预处理

对原料进行适宜整理，去掉不可食及病虫腐烂部分，洗涤晾晒。晾晒程度可分为两种：一般原料晾干明水即可，对含水较高的原料，要使其脱去部分水分，表皮萎缩后再入坛泡制。

（3）卤水配制

泡菜卤水根据质量及使用的时间可分为不同的种类。

按水量加入食盐6%～8%，为了增进色、香、味，可加入2.5%黄酒、0.5%白酒、1%米酒、3%白糖或红糖、3%～5%鲜红辣椒，直接与盐水混合均匀。香料如花椒、八角、甘草、草果、陈皮、胡椒，按盐水量的0.05%～0.1%加入，或按喜好加入，香料可磨成粉状，用白布包裹或做成布袋放入，为了增加盐水的硬度，还可加入0.5%氯化钙。

应该注意泡菜盐水浓度的高低应取决于原料是否出过坯，未出坯的用盐浓度高于已出坯的，以最后平衡浓度在4%为准。为了加速乳酸发酵，可加入3%～5%的陈泡菜水以接种。糖的使用是为了促进发酵，调味及调色，一般成品的色泽为白色，如白菜、子姜等就只能用白糖，为了调色可改用红糖。香料的使用也与产品色泽有关，因而使用中也应注意。

（4）泡制与管理

①入坛泡制

将原料装入坛内一半，要装得紧实，放入香料袋，再装入原料，离坛口6cm～8cm，用竹片将原料卡住，加入盐水没过原料，切忌原料露出液面，否则原料会因接触空气而氧化变质。盐水注入至离坛口3cm～5cm。1d～2d后原料因水分的渗出而下沉，可再补

加原料，让其发酵。如果是老盐水，可直接加入原料，补加食盐、调味料或香料。

②泡制中的管理

注意水槽的清洁卫生，用清洁的饮用水或10%的食盐水，放入坛沿槽3cm～4cm深处，坛内的发酵后期，易造成坛内部分真空，使坛沿水倒灌入坛内。虽然槽内为清洁水，但常暴露于空间，易感染杂菌甚至滋生蚊蝇，如果被带入坛内，一方面会增加杂菌，另一方面也会降低盐水浓度，故以加入盐水为好。使用清洁的饮用水，应注意经常更换，在发酵期间注意每天轻揭盖1～2次，以防坛沿水倒灌。

（5）成品管理

只有较耐贮的原料才能进行保存，在保存中一般一种原料装一个坛，不混装。要适量多加盐，在表面加酒，即宜咸不宜淡，坛沿槽要经常注满清水，便可短期保存，随时取食。

3. 泡菜腌制的关键控制点及预防措施

（1）失脆及预防措施

①失脆原因

蔬菜腌制过程中，促使原果胶水解而引起脆性减弱的原因有两方面：一是原料成熟度过高，或者原料受到了机械损伤；二是由于腌制过程中一些有害微生物分泌的果胶酶类水解果胶物质，导致果蔬变软。

②预防措施

a. 原料选择：原料预处理时剔除过熟及受损伤的蔬菜。

b. 及时腌制与食用：收获后的蔬菜要及时腌制，防止品质下降；不宜久存的蔬菜应及时取食；及时补充新的原料，充分排出坛内空气。

c. 抑制有害微生物：腌制时注意操作及加工环境，尽量减少微生物的污染。

d. 使用保脆剂：把蔬菜在铝盐或钙盐的水溶液中进行短期浸泡，然后再进行腌制。

e. 泡菜用水的选择：泡菜用水与泡菜品质有关，以硬水为好，井水和泉水是含矿物质较多的硬水，用以配制泡菜盐水，效果最好，硬度较大的自来水也可以使用。

f. 食盐的使用：食盐宜选用品质良好，苦味物质如硫酸镁、硫酸钠及氯化镁等含量极少，而氯化钠含量至少在95%以上者，最宜制作泡菜的是井盐，其次为岩盐。

g. 调整腌制液的pH值与浓度：果胶在pH值为4.3～4.9时水解度最小，所以腌制液的pH值应控制在这个范围内。另外，果胶在浓度大的腌渍液中溶解度小，菜不容易软化。

（2）生花及预防措施

①生花原因

在泡菜成熟后的取食期间，有时会在卤水表面形成一层白膜，俗称"生花"，实为酒花酵母菌繁殖所致。此菌能分解乳酸，降低泡菜酸度，使泡菜组织软化，甚至导致腐败菌生长而造成泡菜败坏。

②预防措施

a.注意水槽内的封口水不可干枯。坛沿水要常更换，始终保持洁净，并可在坛沿内加入食盐，使其含盐量达到 15%～20%。

b.揭坛盖时，勿把生水带入坛内。

c.取泡菜时，先将手或筷子清洗干净，严防油污。

d.经常检查盐水质量，发现问题，及时处理。

生花的补救办法是先将菌膜捞出，加入少量白酒或酒精，或加入切碎的洋葱或生姜片，将菜和盐水加满后密封几天，花膜即可消失。

（二）酱菜的加工工艺

1. 工艺流程

原料选择→预处理→盐腌→脱盐→控水→酱渍（制酱）→成熟→成品

2. 工艺要点

（1）原料选择与预处理

参照泡菜的原料选择与预处理。

（2）盐腌

食盐浓度控制在 15%～20%，要求腌透，一般需 20d～30d。对于含水量大的蔬菜可采用干腌法，3d～5d 要倒缸，腌好的菜表面柔熟透亮，富有韧性，内部质地脆嫩，切开后内外颜色一致。

（3）切制

蔬菜腌成半成品酱菜后，有些酱菜应根据需要切制成各种形状，如片、条、丝等。

（4）脱盐

由于半成品酱菜的盐分很高，不利于吸收酱液，同时还带有苦味，因此，首先要进行脱盐处理。脱盐时间依腌制品盐分大小来决定。一般放在清水中浸泡 1d～3d，也有泡半天即可的，浸泡时需换水 1～3 次。酱菜脱出一部分盐分后，才能吸收酱汁，并减除苦味和辣味，使口味更加鲜美。但浸泡时半成品仍要保持相当的盐分，以防腐烂。

（5）控水

酱菜浸泡脱盐后捞出，沥去水分，进行压榨控水，除去酱菜中的一部分水，以保证酱渍过程中有一定的酱汁浓度。一种方法是把酱菜放在袋或筐内用重石或杠杆进行压榨，另一种方法是把酱菜放在箱内用压榨机压榨控水。但无论采用哪种方法，酱菜脱水不要太多，酱菜的含水量一般为50%～60%即可，水分过小，酱渍时酱菜膨胀过程会较长，或根本膨胀不起来，导致酱渍菜外观不佳。

（6）酱渍

把脱盐后的酱菜放在酱内进行酱渍。酱制时间依各种蔬菜的不同而有所不同，但酱制完成后，要求其程度一致，即菜的表皮和内部全部变成酱黄色，原本色重的菜酱色更深，而色浅的或白色的（如萝卜、大头菜等）酱色较浅，并且菜的表里口味与酱一样鲜美可口。

在酱制期间，白天每隔2h～4h搅拌一次，搅拌可以使缸内的菜均匀地吸收酱液。搅拌时用酱耙在酱缸内上下搅动，使缸内的菜（或袋）随着酱耙上下更替旋转，把缸底的翻到上面，把上面的翻到缸底，使缸上层的酱体由深褐色变成浅褐色。经2h～4h，缸面上一层又变成深褐色，即可进行第二次搅拌。依此类推，直到酱制完成。

（三）糖醋蒜的加工工艺

1. 工艺流程

原料选择→整理→浸洗一晾干→贮存→糖醋卤浸渍（糖醋卤的配置）→成品

2. 工艺要点

（1）原料选择

选择鳞茎整齐、肥厚色白、鲜嫩干净的蒜头作原料。成熟度在八九成，直径在3.5cm以上，一般在小满前后一周内采收。如果蒜头成熟度低，则蒜瓣小，水分大；成熟度高，蒜皮呈紫红色，辛辣味太浓，质地较硬，都会影响产品质量。

（2）整理

先将蒜的外皮剥2～3层。与根须扭在一起，然后与蒜根一起用刀削去，要求削三刀，使鳞茎盘呈倒三棱锥状。蒜假茎过长部分也要去除，留1cm左右，要求不露蒜瓣，不散瓣。同时挑除带伤、过小等不合格的蒜头。

（3）浸洗

将整理好的蒜头放入瓦质大缸内，用自来水浸泡，每缸200kg左右。一般的浸洗原则是"三水倒两遍"，即将整理好的蒜头放入缸内，加水浸没，第二天早上（用铁捞耙捞出）倒缸，放掉脏水，重换自来水，继续浸泡 1d，第三天重复第二天的操作，第四天早上就可捞出，可基本达到浸泡效果。

（4）晾干

将蒜头捞出，摊放于阳光不能直射到的竹帘上，沥干水分，自然晾干阴干。晾干时要进行 1～2 次翻动，以便加快晾干速度，一般 2d～3d 就可以达到效果。

（5）贮存

将干燥的大缸放于空气流通的阴凉处（阳光不能直射），地面上铺少许干燥细沙，将缸盛满晾好的蒜头（冒尖），在缸沿上涂抹上一层封口灰，用另一同样的缸口对口倒扣在上面，合口处外用麻刀灰密封，防止大缸内蒜头受到日晒和雨淋。

（6）糖醋卤的配制

先将食醋的酸度控制在 2.6%，放入容器内。若高于 2.6%，则加入煮沸过的水；若低于 2.6%，则可加热蒸发浓缩，调至要求酸度。然后将红糖加入，食盐、糖精等各以少许醋液溶解，再加入容器内，轻轻搅动，使之加速溶解。

（7）糖醋卤浸渍

将配制好的糖醋卤注入盛蒜的大缸内浸渍，由于此时卤汁尚没有浸入蒜体组织内，蒜体密度较卤汁小，呈悬浮态，所以有部分蒜头浮在液面上。若上浮则不能浸到卤汁，易变黏，所以要每天压缸一次，直至蒜头都沉到液面以下，要 15d 左右，之后就可以 2d～3d 压缸一次，直到成熟。

四、蔬菜腌制加工中常见质量问题及预防措施

在蔬菜腌制过程中，若出现有害的发酵和腐败作用，会降低制品品质。

（一）丁酸发酵

由丁酸菌引起，这种菌为专性厌氧细菌，寄居于空气不流通的污水沟及腐败原料中，可将糖和乳酸发酵生成丁酸、二氧化碳和氢气，可使制品产生强烈的不愉快气味。

预防措施：保持原料和容器的清洁卫生，防止带入污物，原料压紧压实。

（二）细菌的腐败作用

腐败菌分解原料中的蛋白质及其含氮物质，产生吲哚、硫化氢等恶臭物质。此种菌只能在浓度为 6% 以下的食盐中活动，腐败菌主要来自于土壤。

预防措施：保持原料的清洁卫生，减少病原菌。可加入 6% 以上的食盐加以抑制。

（三）有害酵母的作用

一种为在腌制品的表面生长一层灰白色有皱纹的膜，称为"生花"；另一种为酵母分解氨基酸生成高级醇，并放出臭气。

预防措施：隔绝空气和加入 3% 以上的食盐、大蒜等可以抑制此种发酵。

（四）起旋、生霉、腐败

腌制品较长时间暴露于空气中，好氧微生物得以滋生，产品起旋，并长出各种颜色的霉，如绿、黑、白等色，由青霉、黑霉、曲霉、根霉等引起。这类微生物多为好氧性，耐盐能力强，在腌制品表面或菜坛上部生长，能分解糖、乳酸等，使产品品质下降。

预防措施：使原料没在卤水中，防止接触空气，使此菌不能生长。

（五）盐渍原料发霉或腐烂

原料在盐腌制过程中，一周后经常发生原料表面发霉、腐烂等不良现象。主要原因是：第一，原料本身的成熟度过高，经不起盐渍，导致腐烂。第二，原料与食盐的比例不当，用盐量不足。第三，腌制时，没有将原料和食盐充分拌匀。第四，未添加硬化剂或添加量不足。第五，盐水没有没过原料，造成原料暴露在空气中。

预防措施：检查容器有无漏水现象，如有，则立即将原料连同盐水移入另一容器中；加一倍的食盐，上下翻动，使之充分拌匀，再继续腌制；等原料盐渍饱和以后，捞出晒干。

第四章　肉制品加工技术

第一节　肉制品加工的原料及特性

一、肉的化学组成

肉主要由水、蛋白质、脂肪、浸出物、维生素、矿物质和少量碳水化合物组成。

（一）水分

不同组织水分含量差异很大（肌肉、皮肤、骨骼的含水量分别为 72％～80％、60％～70％和 12％～15％）。肉品中的水分含量和持水性直接关系到肉及肉制品的组织状态、品质，甚至风味。

1. 肉中水分的存在形式

（1）结合水

吸附在蛋白质胶体颗粒上的水，约占 5％。无溶剂特性，冰点很低（﹣40℃）。

（2）易流动水

存在于纤丝、肌原纤维及膜之间的一部分水，占水分总量的 80％。能溶解盐及溶质，冰点为 1.5℃～0℃。

（3）自由水

存在于细胞外间隙中能自由流动的水，约占 15％。

2. 肉的持水性

指肉在冻结、冷藏、解冻、腌制、绞碎、斩拌、加热等加工处理过程中，肉的水分以及添加到肉中的水分的保持能力。肉的持水性主要取决于肌肉对不易流动水的保持能力。

（二）蛋白质

肌肉中蛋白质约占 20%，分为肌原纤维蛋白（40%～60%）、肌浆蛋白（40%～60%）和间质蛋白（10%）。

（三）脂肪

肌肉中脂肪的多少直接影响肉的多汁性和嫩度，脂肪酸的组成则在一定程度上决定了肉的风味。家畜的脂肪组织 90% 为中性脂肪，7%～8% 为水分，3%～4% 为蛋白质，还有少量的磷脂和固醇脂。

（四）浸出物

指除蛋白质、盐类、维生素外能溶于水的浸出性物质，包括含氮浸出物和无氮浸出物。

（五）维生素

肉中主要有 B 族维生素，动物器官中含有大量的维生素，尤其是脂溶性维生素。

（六）矿物质

肌肉中含有大量的矿物质，尤以钾、磷最多。

（七）碳水化合物

碳水化合物含量少，主要以糖原形式存在。

二、肉的组织构成

广义上讲，畜禽胴体就是肉。胴体是指畜禽屠宰后除去毛、皮、头、蹄、内脏（猪保留板油和肾脏）后的部分。因带骨又称其为带骨肉或白条肉。从狭义上讲，原料肉是指胴体中的可食部分，即除去骨的胴体，又称为净肉。肉（胴体）主要由肌肉组织、脂肪组织、结缔组织和骨组织四大部分构成。这些组织的构造、性质直接影响肉品的质量、加工用途及其商品价值，它依动物的种类、品种、年龄、性别、营养状况及各种加工条件而异。在四种组织中，肌肉组织和脂肪组织是肉的营养价值所在，这两部分占全肉的比例越大，肉的食用价值和商品价值越高，质量越好。结缔组织和骨组织难于被食用吸收，占比例越大，肉质量越低。

（一）肌肉组织

肌肉组织是肉的主要组成部分，可分为横纹肌、心肌和平滑肌三种，占胴体50%～60%。横纹肌是附着在骨骼上的肌肉，也叫骨髓肌。横纹肌除由许多肌纤维构成外，还有少量的结缔组织、脂肪组织、腱、血管、神经纤维和淋巴等。

（二）脂肪组织

脂肪组织在肉中的含量变化较大，占5%～45%，所占比例取决于动物种类、品种、年龄、性别及肥育程度。

（三）结缔组织

结缔组织是构成肌腱、筋膜、韧带及肌肉内外膜、血管和淋巴结的主要成分，分布于体内各部，起到支持、连接各器官组织和保护组织的作用，使肉保持一定硬度，具有弹性。结缔组织由细胞纤维和无定形基质组成，一般占肌肉组织的9%～13%，其含量与嫩度有密切关系。结缔组织的纤维主要有胶原纤维、弹性纤维、网状纤维三种，以前两者为主。

（四）骨组织

骨组织占猪胴体5%～9%，牛胴体15%～20%，羊胴体8%～17%，兔胴体12%～15%，鸡胴体8%～17%。骨由骨膜、骨质及骨髓构成。骨髓分红骨髓和黄骨髓。红骨髓为造血器官，幼龄动物含量多，黄骨髓主要是脂肪，成年动物含量多。

三、肉的性质

肉的物理性质主要指肉的容重、比热、导热系数、色泽、气味、嫩度等。这些性质与肉的形态结构、动物种类、年龄、性别、肥度、部位、宰前状态和冻结程度等因素有关。

（一）肉的颜色

肉的颜色对肉的营养价值影响不大，但在某种程度上影响食欲和商品价值。微生物引起的色泽变化会影响肉的卫生质量。

1. 影响肉颜色的内在因素

影响肉颜色的内在因素包括动物种类、年龄及肌肉部位、肌红蛋白（Myoglobin，简称 Mb）及血红蛋白（Hemoglobin，简称 Hb）含量。

2. 影响肉颜色的外部因素

影响肉颜色的外部因素包括环境中的氧含量、湿度、温度、pH 值及微生物。

（二）肉的风味

肉的风味指生鲜肉的气味和加热后肉制品的香气和滋味，由肉中固有成分经过复杂的生物化学变化，产生各种有机化合物所致。其特点是成分复杂多样，含量甚微，用一般方法很难测定。除少数成分外，多数无营养价值。

（三）肉的热学性质

肉的比热和冻结潜热随含水量、脂肪比例的不同而变化。一般含水量越高，比热和冻结潜热越大；含脂肪越高，则比热和冻结潜热越小。

冰点以下开始结冰的温度称作冰点，也叫冻结点。它随动物种类、死后所处环境条件的不同而不完全相同。另外还取决于肉中盐类的浓度。盐浓度越高，冰点越低。通常猪肉和牛肉的冰点在 $-1.2℃\sim-0.6℃$。肉的导热性弱，大块肉煮沸半小时，其中心温度只能达到 55℃，煮沸几小时亦只能达到 77℃～80℃。肉的导热系数大小取决于冷却、冻结和解冻时温度升降的快慢，也取决于肉的组织结构、部位、肌肉纤维的方向和冻结状态等。它随温度的下降而增大，这是因为冰的导热系数比水大两倍多，故冻结之后的肉类更易导热。

（四）肉的嫩度

肉的嫩度指肉在咀嚼或切割时所需的剪切力，表明肉在被咀嚼时柔软、多汁和容易嚼烂的程度。影响肉嫩度的因素很多，除与遗传因子有关外，主要取决于肌肉纤维的结构和粗细、结缔组织的含量及构成、热加工和肉的 pH 值等。

肉的柔软性取决于动物的种类、年龄、性别，以及肌肉组织中结缔组织的数量和结构形态。例如，猪肉就比牛肉柔软，嫩度高。阉畜由于性特征不发达，其肉较嫩。幼畜由于肌纤维细胞含水分多，结缔组织较少，肉质脆嫩。役畜的肌纤维粗壮，结缔组织较多，因此质韧。研究证明，牛胴体上肌肉的嫩度与肌肉中结缔组织胶原成分的羟脯氨酸有关，羟脯氨酸含量越高，肉的嫩度越小。

（五）肉的保水性

肉的保水性即持水性、系水性，是指肉在压榨、加热、切碎搅拌时保持水分的能力，或向其中添加水分时的水合能力。这种特性对肉品加工的质量有很大影响。

肌肉的系水力决定于动物的种类、品种、年龄、宰前状况、宰后肉的变化及肌肉部位。家兔肉保水性最好，其次依次为牛肉、猪肉、鸡肉、马肉。就牛肉来讲，仔牛好于老牛，去势牛好于成年牛和母牛。成年牛随体重的增加而保水性降低，不同部位的肌肉系水力也有差异。肌肉的系水力在宰后的尸僵和成熟期间会发生显著的变化。刚宰后的肌肉，系水力很高，几小时后，就会开始迅速下降，一般经过 24h～28h 系水力会逐渐回升。

影响肉系水力的因素包括 pH 值、成熟时间等。pH 值对肌肉系水力的影响实质上是蛋白质分子的静电荷效应。蛋白质分子所带有的静电荷对系水力有双重意义，一是静电荷是蛋白质分子吸引水分子的强有力的中心；二是静电荷增加了蛋白质分子间的静电排斥力，使其网格结构松弛，系水力提高。

四、肉的成熟

（一）肉的成熟过程

尸僵持续一段时间后，即开始缓解，肉的硬度降低，持水性有所恢复，肉变得柔嫩多汁，并具有良好风味，最适加工食用，这个变化过程称为肉的成熟。

肉的成熟过程分为三个阶段：僵直前期、僵直期、解僵期。

1. 僵直前期

肌肉组织柔软，但因糖原通过糖酵解 EMP 途径生成乳酸，pH 值由刚屠宰时的正常生理值 7.0～7.4 降低到屠宰后的酸性极限值 5.4～5.6。

影响 pH 值下降的因素：动物的种类、个体差别、肌肉部位、屠宰前的状况、环境温度。环境温度越高，pH 值下降越快。

2. 僵直期

肌肉 pH 值下降至肌原纤维主要蛋白质肌球蛋白的等电点时，因酸变性而凝固，导致肌肉硬度增加，且变僵硬。僵直期肉的持水性差，风味低劣。僵直期的长短与动物种类、宰前状态等因素相关。

3. 解僵期

乳酸、磷酸积聚到一定程度，组织蛋白酶活化，肌肉纤维酸性溶解，分解成氨基酸等呈味浸出物。肌肉间的结缔组织在酸作用下膨胀、软化，肉的持水性逐渐回升。解僵也称为自溶，是指肌肉死后僵直达到顶点，并保持一定时间，其后肌肉又逐渐变软，解除僵直状态的过程。

（二）加速肉的成熟的方法

1. 抑制宰后僵直发展

通过宰前给予胰岛素、肾上腺素等，减少体内糖原含量，抑制宰后僵直发展，加快肉的成熟。

2. 加速宰后僵直发展

用高频电或电刺激，可在短时间内达到极限 pH 值和最大乳酸生成量，从而加速肉的成熟。

3. 加速肌肉蛋白分解

宰前静脉注射蛋白酶，使肌肉中胶原蛋白和弹性蛋白分解，使肉嫩化。

4. 机械嫩化法

通过机械的方法使肉嫩化。

五、肉类在加工过程中的变化

（一）在腌制过程中的变化

1. 色泽变化

硝酸盐还原成亚硝酸盐，后分解为一氧化氮，肌红蛋白和一氧化氮作用使肉成为亮红色。

2. 持水性变化

食盐和聚合磷酸盐形成一定离子强度的环境，使肌动球蛋白结构松弛，提高了肉的持水性。

（二）在加热过程中的变化

1. 风味变化

热导致肉中的水溶性成分和脂肪发生变化。

2. 色泽变化

肉中的色素蛋白、肌红蛋白的变化及焦糖化和美拉德反应等均引起色泽变化。

3. 肌肉蛋白质变化

肌纤维蛋白加热后变性凝固，使汁液分离，肉体积缩小。

4. 浸出物变化

汁液中含有的浸出物溶于水，易分解，赋予煮熟肉特征口味。煮制形成肉鲜味的主要物质有谷氨酸和肌苷酸。

5. 脂肪的变化

部分脂肪加热熔化后释放挥发性物质，能补充香气。

6. 维生素和矿物质的变化

维生素 C 和维生素 D 受氧化影响，其他维生素都不受影响。水煮过程中矿物质损失较多。

第二节　脱水（干制）肉制品的加工

一、肉松

肉松是我国著名的特产，是指瘦肉经高温煮制、炒制、脱水等工艺精制而成的肌肉纤维蓬松絮状或团粒状的干熟肉制品，具有营养丰富、味美可口、易消化、食用方便、易于贮藏等特点。根据所用原料、辅料等不同有猪肉松、牛肉松、羊肉松、鸡肉松等；根据产地不同，我国有名的传统产品有太仓肉松、福建肉松等。

以下以太仓猪肉松为例进行说明。

太仓肉松创始于江苏省太仓市，有100多年的历史，曾于1915年在巴拿马展览会上获奖，在国内历次举行的土特产展览会和质量评比会上，也以其诱人的色、香、味、形一再博得各方面的赞扬。太仓猪肉松采用优质原料，辅以科学配方，经过精心加工制成。产品色泽金黄，带有光泽，纤维松软，无杂质异味，回味鲜香。

（一）工艺流程

原辅料选择→原料修整→削膘→拆骨→精肉修整分割→精肉过磅下锅→煮制→起锅分锅→撇油（加入辅料）→回红汤→炒干，加入辅料→炒松→擦松（化验水分）→跳松→拣松→化验水分、细菌、油脂→包装

（二）工艺操作要点

1. 原料选择

原料是经卫生检疫合格的新鲜后腿肉、夹心肉和冷冻分割精肉。其中后腿肉是做肉松的上乘原料，具有纤维长、结缔组织少、成品率高等优点。夹心肉的肌肉组织结构不如后腿肉，纤维短，结缔组织多，组织疏松，成品率低。为了取长补短，降低成本，通常将夹心肉和后腿肉混合使用。冷冻分割精肉也可作肉松原料，但其丝头、鲜度和成品率都不如新鲜的后腿肉。

要使成品纤维长，成品率高，味道鲜美，就得选择色深、肉质老的新鲜猪后腿肉为原料。如用夹心肉、冷冻分割精肉做原料，就会出现纤维短和成品率低的现象。

辅料选择：辅料搭配得好，能确保猪肉松的色泽金黄、滋味鲜美、香甜可口。

以55kg熟精肉为一锅，配置肉汤25kg左右，红酱油7kg～9kg，白酱油7kg～9kg，精盐0.5kg～1.5kg，黄酒1kg～2kg，白砂糖8kg～10kg，味精100g～200g。由于各地的口味不同，可以适当调整各种辅料的比例。

肉汤可以增加成品中的蛋白质含量，提高成品鲜度，延长保存期限。对肉汤的质量有严格要求。新鲜肉汤透明澄清，脂肪团聚在表面，具有香味；变质肉汤汤色浑浊，有黄白色絮状物，脂肪极少浮于表面，有臭味。加工时绝对不允许用后者。如成品色泽过深或过淡，需调整辅料中红酱油用量。如红酱油色泽不正，需选择色泽较好的红酱油。

2. 原料修整

原料修整包括削膘、拆骨、分割等工序。

（1）削膘

削膘是指将后腿肉、夹心肉的脂肪层与精肉层分离的过程。可以从脂肪与精肉接触的一层薄薄的、白色透明的衣膜处进刀，使两者分离。要求做到分离干净，也就是肥膘上不带精肉，精肉上不带肥膘，剥下的肥膘可以作为其他产品的原料。

（2）拆骨

拆骨是将已削去肥膘的后腿肉和夹心肉中的骨头取出。拆骨的技术性较强。要求做到：骨上不带肉，肉中无碎骨，肉块比较完整。

（3）分割

分割是把肉块上残留的肥膘、筋腱、淋巴、碎骨等修净。然后顺着肉丝切成1.5kg左右的肉块，便于煮制。如不按肉的丝切块，就会造成产品纤维过短的缺点。

3. 煮制

煮制是肉松加工工艺中比较重要的一道工序，它直接影响猪肉松的纤维及成品率。煮制一般分为以下六个环节：

（1）原料过磅

每口蒸汽锅可投入肉块180kg。投料前必须过磅，遇到老和嫩的肉块要分开过磅，分开投料，腿肉与夹心肉按1:1搭配下锅。

（2）下锅

把肉块和汤倒进蒸汽锅，放足清水。

（3）撇血沫

蒸汽锅里水煮沸后，以水不溢出为原则。用铲刀把肉块从上至下，前后左右翻身，防止粘锅。同时把血沫撇出，保持肉汤不浑浊。

（4）焖酥

计算一锅肉的焖酥时间可从撇血沫开始至起锅时为止。季节、肉质老嫩程度不同，焖酥时间也不一样，一般肉质较老的焖酥时间在3.5h左右。每隔一段时间必须检查锅里肉块情况，焖酥是煮制中最主要的一个环节。肉松纤维长短、成品率高低都是在焖酥阶段决定的。检查锅里肉块是否焖酥，一般要求按下面的操作方法进行：

把肉块放在铲刀上，用小汤勺敲几下，肉块肌肉纤维能分开，用手轻拉肌肉纤维有弹性，且不断，说明此锅肉已焖酥。如果肉块用小汤勺一敲，丝头已断和糊，说明此锅肉已煮烂，焖酥时间过头了。用小汤勺敲几下肉块仍然老样子，就要再焖煮一段时间。

（5）起锅

把焖酥后的肉块撇去汤油，捞清油筋后，用大笊篱起出放在容器里。未起锅时，先要把浮在肉块上面一层较厚的汤油用大汤勺撇去，用小笊篱捞清汤里的油筋后，用铲刀把肉块上下翻几个身，让汤油、油筋继续浮出汤面。遇到夹心肉，必须敲碎，后腿肉不必敲。按上述操作方反复几次后，待这锅肉的汤油及油筋较少时即可起锅。起锅时熟精肉应呈宝塔形，一层一层叠放在容器里，目的是将肉中的水分压出。留在蒸汽锅里的肉汤必须在煮沸后待下道工序撇油时作辅料用。

（6）分锅

把堆成宝塔形的熟精肉摊开，净重55kg为一盘，称为分锅。分锅后的熟精肉作撇油用。

煮制质量要求：肉块不落地，投料正确，老嫩分开，腿肉、夹心肉搭配，血沫撇尽，适当使用蒸汽，以锅内水分、油脂不溢出锅外为原则。熟精肉酥而不烂，纤维长，碎肉每锅控制在2.5kg以内，出肉率控制在49%以上，熟精肉每盘净重55kg。

本工序对成品质量的影响：煮制过度会造成肉质烂，成品纤维短，使成品率低于32%。成品有杂质多是由于煮制时未将油筋等杂质拣去；肉汤浑浊是由于血沫未撇尽，肉汤没有煮沸或加入生水。

4.撇油

撇油是半成品猪肉松形成的阶段，是一道重要的工序，也叫除浮油，它直接影响成品的色泽、味道、成品率和保存期。油不净则不易炒干，并易于焦锅，使成品发硬、颜色发黑。撇油一般可分为以下六个环节：

（1）下锅和第一次加入辅助料

把净重55kg的熟精肉倒进蒸汽锅里，加入肉汤、红白酱油、精盐、酒和适量的清水，此过程称为下锅。待锅里汤水煮沸后，在之后的操作过程中是不允许加入生水的，否则会影响成品的保存期。

（2）撇油

摇动蒸汽锅手柄，使蒸汽锅有一个小的倾斜度，便于堆肉撇油。用笊篱把汤中的肉一层一层堆高，汤里如有油筋应及时拣出来。这时油脂浮在汤面上，用小勺不断撇去。以蒸汽压力把油脂又一次汇集在汤面上，用小汤勺撇油。然后用铲刀把肉摊平，前后翻两个身，仍用笊篱把肉堆高，按上述操作法撇去油脂，捞去油筋。撇油时要勤翻、勤撇、勤拣。一锅肉一般堆10次肉，每堆1次肉撇油2次，这样的成品含油率才基本符合标准。检查一锅肉油脂是否符合标准，一般可用肉眼进行观察，即浮在红汤上面的油脂是白色的，像雪花飘落在汤上面，油滴细散，不能聚合在一起。锅内的油脂基本撇清，含油率就能控制在8%以内。撇油时如遇到小块肉，则必须顺丝撕成条状，使辅助料渗透在肉质中，否则会影响成品的味道和保存期，肉松容易发霉、变质。撇油时间应掌握在1.5h～2h，目的是让辅料充分、均匀地被肉的纤维所吸收。

（3）回红汤

肉汤和酱油混在一起，颜色是红的，故称为红汤。在撇油过程中，红汤油随油脂一起倒入汤内，将锅内的油脂基本撇净后，必须把桶内的油脂撇在另一处。下面露出的是红汤，红汤里含有一定的营养成分、鲜度和咸度。必须将这些红汤重新倒回蒸汽锅里，被肉质全部吸收，把红汤扔掉等于降低肉松质量。

（4）收汤

油脂撇清后，锅里留有一定量的红汤（包括倒回去的红汤），且必须与肉一起煮制，称为收汤。在收汤时蒸汽压力不宜太大，必须不断地用铲刀翻动肉，主要是使红汤均匀地被肉质吸收，同时也不粘锅底，防止产生锅巴，影响成品的质量。收汤时间一般在15min～30min。

（5）第二次加入辅助料

收汤以后还须经过30min翻炒，即可第二次加入辅助料，如绵白糖、味精。结块的糖要先捏碎才能放入锅里。半制品肉松中含有较多的水分，糖遇热后变成糖水，这时翻炒要勤，否则半制品肉松极容易粘锅底。

（6）炒干及过磅

经过45min左右的翻炒，半制品肉松中的水分减少，捏住没有糖汁流下来，就可以起锅过磅。净重57.5kg合格，一锅半制品肉松分装在4个盘子里，等待炒松。

撇油质量要求：二次称量时，熟精肉应为每一锅净重27.5kg，加入的辅助料全部吸收在半制品肉松中，为提高肉松的营养和鲜度、咸度，红汤必须回锅。撇油时，肉筋和油脂撇清，做到勤撇、勤炒。每一锅肉从下锅到形成半制品肉松，操作时间在3h以上。

本工序对成品的质量影响：含油率超过8%，主要原因是没有做到勤翻、勤撇，或蒸汽用量较大。成品中油筋、头子多（头子是红汤、糖汁与肉的纤维混在一起形成的细小团粒），主要原因是没有勤拣、勤炒。肉松色泽、味道差是由于红汤没有回锅，锅巴多，成品率低是因为加入糖后没有勤炒或蒸汽用量较大。成品绒头差是油没有撇尽，致使肉松含油率高。

5.炒松

炒松的目的是将半制品肉松脱水成为干制品。炒松对成品的质量、丝头、味道等均有影响，一定要遵守操作规程。将半制品肉松倒入热风顶吹烘松机，烘45min左右，使水分先蒸发一部分。然后再将其倒入铲锅或炒松机进行烘炒。

半成品肉松纤维较嫩，为了不使其受到破坏，要用文火烘炒，炒松机内的肉松中心温度以 55℃ 为宜，炒 40min 左右。然后将肉松倒出，清除机内锅巴后，将肉松倒回去进行第二次烘炒，这次烘炒 15min 即可。分两次炒松的目的是减少成品中的锅巴和焦味，提高成品得量。经过两次烘炒，原来较湿的半制品肉松会变得比较干燥、疏松和轻柔。

烘炒以后还要进行擦松，擦松可以使肉松变得更加轻柔，并出现绒头，即绒毛状的肉质纤维。擦好后的肉松要进行水分测定，测定时采集的样品要取样均匀，有代表性，以保证精确度。水分测定合格后，才能进入跳松、拣松阶段。

本工序对成品质量的影响：炒松时肉松水分如在规定标准 1% 以下，就会造成肉松成品率低，纤维短；炒松时如用大火，容易结锅巴，成品率也低，成品有轻度焦味或肉松纤维较硬。

6. 跳松、拣松

跳松是把混在肉松里的头子、筋等杂质，通过机械振动的方法分离出来。拣松是为了弥补机器跳松的不足，而采用人工方法，把混在肉松里的杂质进一步拣出来。拣松时要做到眼快、手快，拣净混在肉松里的杂质。拣松后，还要进行第二次水分测定、含油率测定和菌数测定。在各项测定指标均符合标准的条件下方可包装。

7. 成品质量标准

肉松（太仓式）的国家卫生标准如下：

（1）感官指标

肉松呈金黄色或淡黄色，带有光泽，絮状，纤维疏松，口味鲜美，香气浓郁，无异味、异臭。嚼后无渣，成品中无焦斑、碎骨、筋头、衣膜以及其他杂质。

（2）理化指标

水分不超过 20%，盐分 8%～9%，脂肪 7%～8%，蛋白质 40%～42%。

（3）微生物指标

细菌总数（个/g）不得超过 30000 个，大肠菌数（个/100g）不得超过 40 个，致病菌（沙门氏菌、志贺氏菌、致病性葡萄球菌、副溶血性弧菌等）不得检出。

8. 包装和贮藏

包装是把检验合格后的肉松按不同的包装规格密封装袋，一要分量准确，二要封牢袋口。肉松的吸水性很强，保存期限与保管方法有一定的联系。用马口铁罐包装的肉松可保存半年，用塑料袋包装的肉松能保存 3 个月，而用纸袋包装的肉松则只能保存一两个月。由于肉松含水率较低，容易吸潮和吸收异味，所以必须放在通风干燥的仓库里，像樟脑丸、香料等绝不能与肉松混放。肉松在梅雨、高温季节特别容易变质，因此要每隔一段时间检查一次。

本工序对成品质量的影响：成品水分超过规定标准，主要是肉松没有立即包装，或塑料袋封口漏气，致使肉松返潮。

二、肉干

肉干是用新鲜的猪、牛、羊等瘦肉经预煮，切成小块，加入配料复煮、烘烤等工艺制成的干熟肉制品。因其形状多为 1cm 大小的块状，故叫作肉干。肉干是我国最早的加工肉制品，由于加工简易、滋味鲜美、食用方便、容易携带等特点，在我国各地都有生产。肉干按原料分为牛肉干、猪肉干、马肉干等；按形状分为条状、片状、粒状等；按风味分为五香肉干、麻辣肉干、咖喱肉干、果汁肉干等。即使是同一种五香牛肉干，配方也不尽相同。但尽管肉干名目很多，产品的制作方法都大同小异。

（一）工艺流程

原料肉预处理→预煮→切坯→复煮→脱水干制一冷却包装

（二）工艺操作要点

1. 原料肉的选择与处理

多采用新鲜的猪肉和牛肉，以前后腿的瘦肉最佳。将原料肉除去脂肪、筋腱、肌膜后，顺着肌纤维切成 0.5kg 左右的肉块，用清水浸泡除去血水、污物，然后沥干备用。

2. 预煮

预煮的目的是进一步挤出血水，并使肉块变硬以便切坯。将沥干的肉块放入沸水中煮制，一般不加任何辅料，但有时为了去除异味，可加 1%~2% 的鲜姜，煮制时以水盖过肉面为原则，水温保持在 90℃，撇去肉汤上的浮沫，煮制 1h 左右，使肉发硬，切面呈粉红色为宜。肉块捞出后，汤汁过滤待用。

3. 切坯

肉块冷却后，可根据工艺要求在切坯机中切成小片、条、丁等形状。可切成 1.5cm 的肉丁或切成 0.5cm×2.0cm×4.0cm 的肉片（按需要而定）。不论什么形状，要大小均匀一致。

4. 复煮

复煮又叫红烧，取原汤一部分加入配料，将切好的肉坯放在调味汤中用大火煮开，其目的是进一步熟化和入味。

复煮汤料配制时，取肉坯重 20%～40% 的过滤初煮汤，将配方中不溶解的辅料装袋入锅煮沸后，加入其他辅料及肉丁或肉片，用锅铲不断轻轻翻动，用大火煮制 30min 左右后，随着剩余汤料的减少，应减小火力以防焦锅。用小火煨 1h～2h，直到汤汁将干时，即可将肉取出。

如无五香粉，可将适量小茴香、陈皮及肉桂包扎在纱布内，然后放入锅中与肉同煮。汤料配制时，盐的用量各地相差无几，但糖和各种香辛料的用量变化较大，无统一标准，以适合消费者的口味为原则。

5. 脱水

肉干常规的脱水方法有以下三种：

（1）烘烤法

将收汁后的肉丁或肉片铺在竹筛或铁丝网上，放置于烘炉或远红外烘箱中烘烤。烘烤温度前期可控制在 80℃～90℃，后期可控制在 50℃ 左右，一般需要 5h～6h，即可使含水量下降到 20% 以下。在烘烤过程中要注意定时翻动。

（2）炒干法

收汁结束后，肉丁或肉片在原锅中文火加温，并不停搅翻，炒至肉块表面微微出现蓬松茸毛时，即可出锅，冷却后即为成品。

（3）油炸法

先将肉切条，后用 2/3 的辅料（其中白酒、白糖、味精后放）与肉条拌匀，腌渍 10min～20min 后，投入 135℃～150℃ 的菜油锅中油炸。炸到肉块呈微黄色后，捞出并滤净油，再将白酒、白糖、味精和剩余的 1/3 辅料混入拌匀即可。

在实际生产中，亦可先烘干再上油衣。例如四川丰都产的麻辣牛肉干在烘干后用菜油或麻油炸酥起锅。

6. 冷却、包装

冷却以在清洁室内摊晾、自然冷却较为常用。必要时可用机械排风，但不宜在冷库中冷却，否则肉干易吸水返潮。包装以复合膜为好，尽量选用阻气、阻湿性能好的材料。最好选用 PET、PE 等膜，但其费用较高。也可先用纸袋包装，烘烤 1h 后冷却，可以防止发霉变质，能延长保存期。如果装入玻璃瓶或马口铁罐中，可保藏 3～5 个月。

（三）肉干成品标准

1. 感官指标

色泽呈褐色有光泽，肉质酥松，厚薄均匀，无焦糊，无杂质；大小均匀一致，质地干爽但不硬；口感鲜美，咸甜适中，无异味。

2. 理化指标

水分≤20%，pH 值 5.8～6.1，盐含量 4.0%～5.0%，蛋白质≥52%，脂肪≤7%，蔗糖含量≤20%，灰分≤13.5%。

3. 微生物指标

总菌数（个/g）≤30000，大肠菌群（个/100g)≤40；病原菌或产毒菌不得检出。

三、肉脯

肉脯是指瘦肉经切片（或绞碎）、调味、腌制、摊筛、烘干、烤制等工艺制成的干熟薄片形的肉制品。一般包括肉脯和肉糜脯。与肉干加工方法不同的是，肉脯不经煮制，直接烘干而制成。由于原料、辅料、产地等的不同，肉脯的名称及品种不尽相同，但加工过程基本相同，只是配料不同，各有特色。我国比较著名的肉脯有靖江猪肉脯、汕头猪肉脯，湖南猪肉脯及厦门黄金香猪肉脯等。

（一）肉脯的加工工艺流程

原料选择→预处理→冷冻或不冷冻→切片→调味、腌制→摊筛→烘干→焙烤→压片、切片→包装

（二）工艺操作要点

1. 选料、预处理

选用经检疫合格的新鲜或解冻猪的后腿肉或精牛肉，经过剔骨处理，除去肥膘、筋膜，顺着肌纤维切成块，洗去油污。需冻结的则装入方形肉模内，压紧后送 -20℃～-10℃冷库内速冻，至肉块中心温度达到 -4℃～-2℃时，取出脱模，以便切片。

2. 切片

将冷冻后的肉块放入切片机中切片或人工切片。切片时必须顺着肉的肌纤维切片，

肉片的厚度控制在 1cm 左右。然后解冻、拌料。不冻结的肉块排酸嫩化后直接手工切片并进行拌料。

3. 调味腌制

肉片可放在调味机中调味腌制。调味腌制的作用一是将各种调味料与肉片充分混合均匀，二是起到按摩作用，肉片经搅拌按摩，可使肉中盐溶蛋白溶出一部分，使肉片带有黏性，便于在铺盘时肉片与肉片之间相互连接。所以，在调味时应注意要将调味料与肉片均匀地混合，使肉片中盐溶蛋白溶出。将辅料混匀后与切好的肉片拌匀，在 10℃ 以下冷库中腌制 2h 左右。

4. 摊筛

摊筛的工序目前均为手工操作。首先用食物油将竹盘或铁筛刷一遍，然后将调味后的肉片平铺在竹盘上，肉片与肉片之间由溶出的蛋白胶相互粘住，但肉片与肉片之间不得重叠。

5. 烘干

烘烤的目的主要是促进发色和脱水熟化。将平铺在筛子上的已连成一大张的肉片放入干燥箱中，干燥的温度在 55℃～60℃，前期烘烤温度可稍高，肉片厚度在 0.2cm～0.3cm 时，烘干时间为 2h～3h。烘干至含水量 25% 为佳。

6. 焙烤

焙烤是将半成品在高温下进一步熟化，使其质地柔软，产生良好的烧烤味和油润的外观。焙烤时可把半成品放在烘炉的转动铁网上，温度为 200℃ 左右，时间 8min～10min，以烤熟为准，不得烤焦。成品含水量应小于 20%，一般为 13%～16% 为宜。

7. 压平、切片

烘干后的肉片是一大张，将这一大张肉片从筛子中揭起，用切形机或手工切形，一般可切成 6cm～8cm 的正方形或其他形状。

8. 冷却、包装和贮藏

烤熟切片后的肉脯在冷却后应迅速进行包装，可用真空包装或充氮气包装，外加硬纸盒。也可采用马口铁罐大包装或小包装。塑料袋包装的成品宜贮存在通风干燥的库房内，保存期为 6 个月。

9.肉脯成品标准

（1）感官指标

呈棕红色，表面应油润透亮；味道鲜美，咸甜适中，具有肉脯特有风味，无焦味、异味；呈片形，厚薄均匀，无杂质。

（2）理化指标

水分含量≤20％。

（3）微生物指标

细菌总数（个/g）≤30000，大肠菌群（个/100g)≤40，致病菌不得检出。

第三节　速冻肉制品的加工

随着速冻技术的发展和家庭中冰箱普及率的提高，以及人们对方便食品的需求，一些速冻的肉制品应运而生。畜禽肉经加工处理，速冻后成为超市中的畅销品，这为繁忙的消费者提供了极大的方便。

一、速冻涮羊肉片

下面简单地介绍配以调料的速冻涮羊肉片的加工工艺。

（一）原料配方

公绵羊肉 5kg，具体调味料视风味不同而定。

（二）生产工艺

选料→原辅料处理→速冻→切片→配调料→产品包装冻藏

（三）操作要点

1.选料

选用阉割过的公绵羊的后腿肉为原料肉（检验检疫合格）。

2. 原辅料处理

将羊肉切成 3cm 厚、13cm 宽的长方块，剔除可见的筋膜及骨，用浸湿的干净薄布包上羊肉块。辅料可按固、液等不同形态分别按比例混合，备用。

3. 速冻

将肉块置于 -30℃ 条件下的速冻机或速冻间中速冻 20min～35min 后取出。

4. 切片

将从速冻机中取出的冻肉片在水中浸洗一下，立即揭去薄布，置于切片机中切成 1mm 左右厚的薄片。

5. 配调料

将混合好的调料按比例分装成小的调料包，固、液各一。

6. 包装冻藏

将羊肉片和调料包一起封装于塑料袋中，经检验合格后转入 -18℃ 的冻藏库冻藏。冻藏库温度应保持恒定，上下浮动不超过 2℃。

二、速冻火腿肉

火腿在我国的肉制品中享有盛誉，也是著名的传统食品，其中金华火腿最为著名。整块火腿体积大，操作不方便，下面介绍一种速冻金华火腿片的加工工艺：

（一）原料配方

猪腿 10kg，食盐 1kg，硝酸盐适量。

（二）生产工艺

原料处理→上盐→洗腿、晒腿→自然发酵→切片包装→速冻→产品冻藏

（三）操作要点

1. 原料处理

选取腿形完整、肉质新鲜、带薄皮的鲜猪后腿为原料。食盐要经晒、炒并过筛。

2. 上盐腌制

火腿共要上盐 4 次，共需腌制 25d 左右。

3. 洗腿和晒腿

将腌透的腿肉用刷子在清水中洗去表面污物和盐液，直至腿身完全干净为止，然后用麻绳挂起在阳光下晒 45h，直至腿肉表面发香、发亮、出油为止。

4. 自然发酵

将晒好的腿肉移入室内，挂在通风良好、无阳光直射的架子上，自然发酵 6 个月即可。

5. 切片包装

进行人工切片，并真空包装。

6. 速冻

将包装好的火腿片置于 -30℃ 的速冻间或速冻机中速冻 20min～35min 后取出。

7. 冻藏

将冻好的火腿片包装袋置于包装箱中后转入 -18℃ 的冷藏库中冷冻保藏，冻藏库温度应保持恒定，上下浮动不超过 2℃。

三、速冻热狗香肠

热狗香肠是近年来由西方传入我国的一种乳化型低温香肠，以其特有的风味深受我国消费者的欢迎。由于低温肉制品不易保藏，其产销量受到很大的限制。鉴于此，可对热狗香肠进行速冻处理，使产品能批量生产，易贮藏。

（一）原料配方

牛瘦肉 30kg，猪瘦肉 10kg，冰片 15kg，猪脂肪 10kg，玉米淀粉 2.5kg，大豆分离蛋白 1kg，食盐 1.25kg，调味料 350g，混合粉 150g，白砂糖 150g。

（二）生产工艺

原料选择→解冻→清洗→修整→切块→腌制→配料→斩拌→灌肠→干燥→烟熏→蒸煮→冷却→去皮→包装→速冻→成品冻藏

（三）操作要点

1. 原料选择、解冻

选择来自非疫区检疫合格的优质牛肉、猪肉。猪瘦肉要求用猪 2 号、4 号分割肉，猪脂肪选用硬膘，即背部脂肪。牛肉采用市场上购得的无筋膜的精牛肉。将分割肉投入解冻池进行解冻，解冻时间应控制在 24h 以内，解冻至肉中心温度在 1℃～7℃为准，解冻后无汁液析出，无冰晶体，气味正常。

2. 清洗、修整

用干净的自来水冲洗肉体表面，以除去表面的泥沙及其他污染物。修去淋巴、软骨、碎骨、筋膜淤血、黑色素肉、颈部刀口肉以及其他杂质。

3. 切块、腌制

将瘦肉与肥膘分别切成 3cm～5cm 的条形，放置备用。将瘦肉与肥膘用食盐、混合粉等腌制 24h 备用。

4. 配料、斩拌

按配料表配齐原辅材料，准备斩拌。首先将斩拌机盛料盘的温度降至 6℃以下，加入牛肉、猪肥膘及大豆分离蛋白和部分冰片（约 1/3）进行斩拌，斩拌约 2min 形成乳化状态后，加入猪瘦肉及其他辅料、调味料和剩余的冰片，最后加入淀粉，关盖，抽真空，继续斩拌至 1mm～2mm 大小的肉糜颗粒。应注意斩拌过程中尽量控制肉温在 12℃～15℃。

5. 灌肠

将肉倒入灌肠机中，适当调整压力，使肠体长度在 10cm～12cm，质量为 300g 左右，充填后肠体的直径为 18cm～20cm。灌肠时应尽量避免肉糜粘到肠体表面，灌制好的肠体用专用的横杆吊挂于架车上，做到肠体之间留有一定的空隙，不能及时熏制的，要推入腌制间内暂时存放。

6. 干燥、烟熏

将吊挂好的肠体转入烘烤间进行烘烤干燥，干燥条件为 60℃，30min。经初步干燥后的肠再送入烟熏室中进行烟熏处理，烟熏条件为 40℃～50℃，25min。发烟材料采用除松木以外的阔叶木锯末。

7. 蒸煮、冷却

采用恒定的温度蒸煮，条件为78℃，18min。采用水喷淋冷却的方法，将肠体中心温度降低到10℃以下。

8. 去皮、包装

采用机械去皮的方法，适当调整刀深，使肠衣皮全部剥落而不在肠体上留下超过1mm的刀痕，保证肠体完整。按规定数量整齐排列，放入包装箱。

9. 速冻、冻藏

将包装好的香肠送入速冻库速冻。温度－30℃，时间依包装大小而定。将速冻后的香肠转入－18℃的冻藏库中进行冻藏，应注意保持库温恒定，上下浮动不超过2℃。

第四节　熏烤肉制品

熏烤肉制品是原料肉经腌制、煮制后，再以烟气、高温空气、明火或高温介质进行加工而成的熟肉制品。有熏烤肉类和烧烤肉类，但熏、烤、烧三种作用往往互为关联，很难区分。

熏烤肉类是指原料肉经煮制、腌制、熏制加工而成的熟肉制品，包括熏肉、熏鱼、熏肠等。

烧烤肉类是指原料肉经配料、腌制、烤制加工而成的熟肉制品，包括北京烤鸭、脆皮乳猪、叫花鸡、叉烧肉等。

一、熏制和烤制对肉制品的作用

1. 熏制对肉制品的作用

（1）呈味作用

熏烟中的许多有机化合物附着在肉制品上，赋予肉制品特有的烟熏香味。

（2）发色作用

烟熏后肉制品有良好的色泽，表面呈亮褐色，脂肪呈金黄色，肌肉组织呈暗红色。

（3）防腐作用

熏烟中的有机酸、醛类和酚类都具有一定的抑菌和防腐作用。由于熏烟的抑菌主要作用在表面，所以烟熏肉制品必须利用腌制、干燥等手段提高贮存性。

（4）抗氧化作用

熏烟中的许多成分具有抗氧化功能，可以阻止脂肪的氧化变质。

2.烤制对肉制品的作用

（1）熟制和杀菌作用

通过烤制，肉制品中的蛋白质变性，碳水化合物和脂肪分解，提高了肉制品的消化吸收率；同时肉制品中的大部分微生物在高温下死亡，提高了肉制品的安全性。

（2）呈味作用

在烤制过程中，糖和氨基酸发生反应，脂肪在高温下发生分解反应，得到的产物赋予肉制品特有的风味。

（3）呈色作用

在烤制过程中，糖和氨基酸发生的反应以及糖的焦糖化作用，使肉制品表面产生良好的色泽。

二、肉制品的熏烤技术

1.肉制品熏制技术

（1）材料的选择

用于熏制肉制品的烟气主要由木材不完全燃烧得到，因此，必须选用合适的木材。合适的木材应该树脂含量低、熏烟风味好、防腐作用强。一般来说，桦木、栎木、杨木、柞木和竹类燃烧熏制的产品质量好、风味佳。不同的木材作燃料，熏制的肉制品的颜色也不同，如用山毛榉作燃料，肉呈金黄色；用栎木、杨木作燃料，肉呈深黄或棕色。

（2）烟熏方法

①冷熏法：在15℃～30℃的低温下，进行4d～7d的熏制。由于熏制时间较长，适宜在冬天进行，夏季因气温较高容易引起酸败。冷熏后的产品含水量在40%左右，可进行较长时间的保存，适于干制产品。

②温熏法：熏制温度在30℃～50℃，时间为1d～3d。由于温度较高，容易引起脂肪流出和蛋白凝固，产品的耐贮性差，但产品重量损失小，风味好。

③热熏法：熏制温度50℃～80℃，时间为5h～6h。由于温度高，产品能在短期内

形成良好的色泽，但很难形成良好的风味。在熏制过程中升温不能太快，否则会出现色泽不均匀的现象。

④液熏法：用液态烟熏制剂代替烟熏的方法。液态烟熏制剂一般经过特殊净化，是含有熏烟成分的溶液或冻结的干燥粉末。其用法是：液体制剂可加热蒸发后附着于制品上，或浸泡、喷洒在制品上；粉末制剂可直接添加于制品中。

（3）烟熏肉制品有害成分的控制

烟熏处理具有杀菌防腐，增进产品色、香、味品质的优点，在肉制品加工中得到广泛的应用。但如果烟熏过程处理不当，熏烟中的有害成分会污染肉制品，危害人体健康。目前的主要问题是熏烟中的强致癌物，熏烟还可以直接或间接作用促进亚硝胺的形成。因此，在加工中必须采取措施，减少熏烟中有害成分的产生及对肉制品的污染，确保肉制品的安全。

2. 肉制品烤制技术

（1）明炉烧烤法

用长方形敞口烤炉，在烤炉内烧木炭，把腌制好的原料肉用铁叉或竹叉叉住，放在烤炉内进行烤制，烤制过程中，有专人将原料肉不断转动，使其受热均匀，成熟一致。此法操作灵活、设备简单、火候均匀、成品质量好，但花费人力多。

（2）挂炉烤制法

也称暗炉烧烤，是用一种特制的可以开关炉门的烧烤炉，将腌制好的原料肉挂在炉内，关上炉门进行烤制。此法花费人力少、环境污染小、一次烧烤量大，但火候不均匀，产品质量不如明炉烧烤好。

三、熏烤肉制品的一般加工工艺

原料选择与修整→成型→腌制（或煮制）→烟熏（或烧烤）→包装

1. 原料选择与修整

选择检疫合格的可食动物肉作原料，除去骨、结缔组织、淋巴、血管、病灶部位。

2. 成型

根据产品自身的特点将原料肉切成一定形状。

3. 腌制（或煮制）

腌制依照腌制肉制品的方法进行处理，煮制一般将温度控制在80℃～85℃，时间为

30min～40min，要求原料肉中心温度达到75℃即可。

4. 烟熏（或烧烤）

烟熏一般采用热熏法，温度50℃～80℃，时间10min左右即可。烧烤一般采用挂炉烤制，先将炉内温度升高至100℃，将原料肉送入烤炉内，当炉温升高至150℃～180℃时，烤制5min～10min即可。

5. 包装

一般采用真空包装。

第五章 乳制品加工技术

第一节 乳制品加工基本知识

一、乳的组成与性质

乳是雌性哺乳动物分娩后，由乳腺分泌的一种白色或微黄色的不透明液体。目前乳品工业中常利用的乳类为牛、羊、马等动物的乳，全球来自乳牛的牛乳是工业加工量最大的原料乳。本章所提到的乳类及其制品除特别说明外，一般指牛乳。

1.乳的组成

牛乳营养丰富，成分十分复杂，其中至少含有上百种化学成分，主要包括水分、蛋白质、脂肪、乳糖、维生素、无机盐、酶类及气体等。

正常牛乳中各种成分的组成大致稳定，但也受到乳牛的品种、个体、畜龄、泌乳期、挤乳方法、地区、季节、饲料、环境、温度及健康状况等内外因素的影响而存在差异。其中变化最大的是乳脂肪，其次是蛋白质，而乳糖及灰分则相对比较稳定。

（1）水分

牛乳中水分占85.5%～89.5%.水中溶有有机质、无机盐和气体。

（2）乳脂质

乳脂质是乳中脂肪和类脂的总称，呈细微球状分散于乳中，形成乳浊液。牛乳中乳脂质占3%～5%，其含量受牛的品种、季节、饲料等因素影响，其中97%～99%为乳脂肪，还有1%的磷脂和少量甾醇、游离脂肪酸、脂溶性维生素等。

（3）乳蛋白质

牛乳中蛋白质占3.0%～3.5%，占含氮化合物的95%，还有5%为非蛋白态含氮化合物。乳蛋白质可分为酪蛋白和乳清蛋白两大类，另外还有少量的脂肪球膜蛋白质。

①酪蛋白：酪蛋白是在20℃调节脱脂乳的pH值至4.6时沉淀的一类蛋白质，约占乳蛋白质总量的80%。乳中的酪蛋白与钙结合生成酪蛋白酸钙，再与胶体状的磷酸钙结

合形成酪蛋白酸钙—磷酸钙复合体，以胶体悬浮液的状态存在于牛乳中，此外还结合着柠檬酸、镁等物质。

酪蛋白胶粒对 pH 值的变化很敏感。当脱脂乳的 pH 值降低时，酪蛋白胶粒中的钙与磷酸盐就逐渐游离出来。当 pH 值达到酪蛋白的等电点 4.6 时，就会形成酪蛋白沉淀。

为使酪蛋白沉淀，工业上一般使用盐酸。同理，如果由于乳中的微生物作用，使乳中的乳糖分解为乳酸，从而使 pH 值降至酪蛋白的等电点时，同样会发生酪蛋白的酸沉淀。

牛乳中的酪蛋白在凝乳酶的作用下会发生凝固，工业上生产干酪就是利用此原理。

②乳清蛋白：乳清蛋白是在 20℃、pH 值 4.6 的条件下沉淀酪蛋白后分离出的乳清中的蛋白质的统称，占乳蛋白质的 18%～20%。乳清蛋白水合能力强，能在水中高度分散，呈高分子溶液状态，甚至在等电点时仍能保持分散状态而不凝固。

（4）乳糖

乳糖是哺乳动物乳汁中特有的糖类，牛乳中有 4.6%～4.7%乳糖，呈溶解状态。乳糖及其分解物与乳中蛋白质发生美拉德反应，是乳制品褐变的主要原因，但美拉德反应可改善焙烤食品的色泽和风味。

（5）无机盐类

乳中含有 0.7%左右的无机盐，主要为钙、磷、镁、钾、钠、硫、氯等。钙、镁与酪蛋白、磷酸及柠檬酸结合，一部分呈胶体状态存在，一部分呈溶解状态存在。在较低温度下牛乳凝固，则是因为钙、镁过剩，可向牛乳中添加磷酸盐或柠檬酸盐以达到稳定作用，防止凝固。

（6）维生素

牛乳中的维生素部分来自饲料中的维生素，部分依靠乳牛自身合成。牛乳中的维生素 B_2 含量很丰富，但维生素 D 不多，应予以强化。初乳中的维生素 A 及胡萝卜素含量高于常乳。

（7）酶类

乳中的大部分酶对乳自身并无作用和功能，只有少部分酶会影响乳的风味、性质及乳制品品质。

（8）乳中的其他成分

除上述成分外，乳中尚有少量的有机酸、气体、色素、细胞成分及激素等。

2.乳的物理特性

乳的物理性质对选择正确的工艺、鉴定乳的品质等具有重要的意义。

（1）冰点与沸点

牛乳的冰点一般为 -0.565℃ ～ -0.525℃，平均为 -0.540℃。酸败的牛乳冰点会降低，所以测定冰点必须要求牛乳的酸度在 20°T 以内。乳中的无脂干物质比水重，因此无脂干物质越多则密度越高。乳中脂肪比水轻，因此脂肪增加时，乳的密度也就降低。

牛乳的沸点在 101.33kPa（1 个大气压）下为 100.17℃ 左右，变化范围为 100℃ ～ 101℃。沸点受其固形物含量影响，总固形物含量高，沸点也会稍上升。

（2）密度与相对密度

乳的密度是指一定温度下单位体积的质量。乳的相对密度主要有两种表示方法，一是以 15℃ 为标准，指在 15℃ 时牛乳的质量与同体积同温度水的质量之比，用 $D_{15/15}$ 表示，正常乳平均为 1.032；二是指乳在 20℃ 时的质量与同体积水在 44℃ 时的质量之比，用 $D_{20/4}$ 表示，正常乳的 $D_{20/4}$ 平均为 1.030。$D_{20/4}$ 比 $D_{15/15}$ 小 0.002。

通常用牛乳密度计（乳稠计）来测定牛乳的密度或相对密度，乳稠计有 $D_{15/15}$ 乳稠计和 $D_{20/4}$ 乳稠计两种规格。在乳稠计上刻有 15～45 的刻度，以度来表示。例如刻度为 15，表示 $D_{15/15}$（或 $D_{20/4}$）为 1.015。

测定时乳样的温度并非必须是标准温度，在 10℃ ～ 25℃ 范围内均可测定。但温度不是标准温度时，需对读数进行校正。每升高 1℃，乳稠计的刻度值下降 0.2 刻度；每下降 1℃，乳稠计的刻度值升高 0.2 刻度。

（3）酸度

酸度是反映牛乳新鲜度和热稳定性的重要指标，酸度高的牛乳新鲜度低，热稳定性差。鲜乳贮存须迅速冷却，并在低温下保存。

刚挤出的新鲜乳的酸度称为固有酸度（又叫自然酸度），主要由乳中的蛋白质、柠檬酸盐、磷酸盐及二氧化碳等酸性物质所造成。乳在微生物的作用下发生乳酸发酵，导致乳的酸度逐渐升高，由于发酵产酸而升高的这部分酸度称为发酵酸度。固有酸度和发酵酸度之和称为总酸度。一般条件下，乳品工业所测定的酸度就是总酸度。

乳品工业中的酸度是指以标准碱液用滴定法测定的滴定酸度。滴定酸度有多种测定方法和表示形式。我国滴定酸度用吉尔涅尔度（简称°T）或乳酸度（乳酸%）来表示。

①吉尔涅尔度（°T）：取 10mL 牛乳，用 20mL 蒸馏水稀释，以酚酞为指示剂，以 0.1mol·L^{-1} NaOH 溶液滴定，将所消耗的 NaOH 毫升数乘以 10，即中和 100mL 牛乳所需 0.1mol·L^{-1} NaOH 毫升数，消耗 1mL 为 1°T。

②乳酸度（乳酸%）：正常牛乳的乳酸量为 0.15% ～ 0.18%。用乳酸量表示酸度。

③氢离子浓度（pH 值）：正常新鲜牛乳的 pH 值为 6.5～6.7，一般酸败乳或初乳的

pH 值在 6.4 以下，乳房炎乳或低酸度乳 pH 值在 6.8 以上。滴定酸度可以及时反映出乳酸产生的程度，而 pH 值则不呈现规律性的关系，因此生产中广泛地采用测定滴定酸度来间接掌握乳的新鲜度。

二、原料乳的质量控制

1. 原料乳的验收

（1）原料乳的收集与运输

目前我国奶源分散的地方多采用奶桶运输；奶源集中的地方或运输距离较远的地方多采用奶槽车运输，要求原料乳必须保持良好的冷却状态且没有空气进入。

奶桶一般采用不锈钢或铝合金制造，耐酸碱，内壁光滑，便于清洗。奶槽车是由汽车、奶槽、奶泵室、人孔、盖、自动气阀等构成，奶槽由不锈钢制成，内外壁之间有保温材料。在收乳时，奶槽车可开到贮乳间。奶槽车的奶槽可分成若干个间隔，每个间隔需依次充满，以防止牛乳在运输时晃动。

（2）原料乳的检验

通常在农场仅对牛乳的质量作一般的评价，而到达乳品厂时，需对其成分和卫生质量进行全面分析。

①取样：取样时，工具和容器必须是清洁、干燥、无菌的。

②感官检验：主要是进行嗅觉、味觉、外观、尘埃等的鉴定。

③理化检验：

相对密度：常作为评定鲜乳成分是否正常的一个指标，但必须结合脂肪、风味的检验来判断鲜乳是否经过脱脂或是否加水。

酒精试验：酒精试验是为评定鲜乳抗热性而广泛使用的一种方法，可检验出鲜乳的酸度，以及盐类平衡不良乳、初乳、末乳及因细菌作用而产生凝乳酶的乳和乳房炎乳等。

酒精试验与酒精浓度有关，一般以一定浓度（按体积分数计）的中性酒精与原料乳等量混合摇匀，无絮片的牛乳为酒精试验阴性乳，表示其酸度较低；而出现絮片的牛乳为酒精试验阳性乳，表示其酸度较高。正常牛乳的滴定酸度不高于 18°T，一般不会出现凝块。

滴定酸度：可判定乳的新鲜程度。牛乳挤出后放置时间过长、微生物作用等可使乳的酸度升高；而乳房炎乳的酸度则降低。

煮沸试验：煮沸试验可检验原料乳中蛋白质的稳定性，判断其酸度高低。酸度越高，稳定性越差,在加热的条件下高酸度易产生乳蛋白质的凝固。

乳成分的测定:其常规检验项目包括乳蛋白、乳脂肪、乳糖及总干物质的含量。

④卫生检验:我国原料乳生产现场的检验以感官检验为主,辅以部分理化检验,一般不做微生物检验。但在加工以前或原料乳量大而对其质量有疑问时,可定量采样后在实验室中进一步检验其他理化指标、细菌总数及体细胞数。加工发酵制品的原料乳还需进行抗生素检查。

2. 原料乳的净化、冷却与贮存

为保证原料乳的质量,挤出的原料乳必须立即进行过滤、冷却等处理后才能进入贮乳罐收集。

(1)过滤与净化

过滤与净化原料乳的目的是除去乳中的机械杂质并减少微生物的数量。

(2)冷却

牛乳运送到乳品厂后,验收合格乳应迅速冷却至4℃~6℃,贮存期间不得超过10℃。可以根据贮存时间的长短选择适宜的温度。

(3)贮存

一定的原料乳贮存量可保证工厂连续生产,一般工厂总的贮乳量应不少于1d的处理量,生产中冷却后的乳贮存在贮乳罐(缸)内,贮乳罐一般采用不锈钢材料制成。贮乳罐须每罐都放满,并加盖密封,贮存期间要定时开动搅拌机。

第二节　液态乳

液态乳是以生鲜牛乳为原料,添加(或不添加)其他营养物质,经过适当的加热处理、冷却,再采用一定的容器包装后进行销售的一类乳制品。液态乳种类繁多,根据产品在生产过程中采用的热处理方式不同,可分为巴氏杀菌乳和超高温灭菌乳两大类。根据脂肪含量的不同,可分为全脂牛乳、部分脱脂牛乳和脱脂牛乳。根据液态乳中的营养成分可分为纯牛乳、调味乳、营养强化乳和含乳饮料等。

一、巴氏杀菌乳

巴氏杀菌是一种较温和的热处理方式,它能够杀死牛乳中的致病菌和大部分的腐败菌,而对牛乳的营养成分和风味的破坏很小。巴氏杀菌乳是指以鲜牛乳为原料,经过离心净化、标准化、均质、巴氏杀菌和冷却,以液体状态灌装供消费者直接食用的商品乳。根据脂肪含量不同,巴氏杀菌乳可分为全脂巴氏杀菌乳(脂肪含量≥3.1%)、部分脱脂巴氏杀菌乳(脂肪含量1.0%~2.0%)和脱脂巴氏杀菌乳(脂肪含量≤0.5%)。

巴氏杀菌乳的一般加工工艺:

原料乳→验收→预处理→分离净化→标准化→均质→巴氏杀菌→冷却→灌装→成品

1.原料乳的验收

根据我国卫生部2010年发布的新标准GB19645—2010《食品安全国家标准:巴氏杀菌乳》的规定,生产巴氏杀菌乳的原料乳应符合GB19301—2010《食品安全国家标准:生乳》的规定。

2.原料乳的预处理

(1)脱气

牛乳刚挤出后含5.5%~7.0%的气体,经过贮存、运输和收购后,一般气体含量在10%以上,其对牛乳的计量、检验、加工工艺等会产生不同程度的影响,因此必须在牛乳处理的不同阶段进行脱气。

首先,在奶槽车上安装脱气设备。其次,在乳品厂收奶间的流量计之前安装脱气设备。进一步处理牛乳的过程中,应使用真空脱气罐,以除去细小的分散气泡和溶解氧。

(2)预杀菌(初次杀菌)

由于各种原因,收购来的原料乳不能立即进行加工。为了保证牛乳不变质,需要对牛乳进行初次杀菌,其目的是杀死嗜冷菌。杀菌温度一般为63℃~65℃,时间为15s。

(3)冷却与储存

牛乳被按要求运到乳品加工企业,其温度不允许高于10℃,通常用板式冷却器冷却到4℃以下,将牛乳运入大贮乳罐。

3.分离净化

分离净化的目的是将乳中极为微小的固体杂质、体细胞和某些微生物除去。原料乳分离净化的设备主要有离心净乳机和分离机两种类型。离心净乳机只具有净化作用,分离机具有同时将原料乳分离成稀奶油和脱脂乳的作用。

4. 标准化

按不同产品要求，原料乳必须进行成分的调整。调整原料乳中脂肪与非脂乳固体的比例关系，使其比值符合制品要求的过程称为原料乳的标准化。

（1）标准化的计算方法

当原料乳中脂肪含量不足时，应添加稀奶油或除去部分脱脂乳；当原料乳中脂肪含量过高时，可添加脱脂乳或提取部分稀奶油。

标准化时，应该先测定即将标准化的原料乳的脂肪和非脂乳固体的含量，以及用于标准化的稀奶油或脱脂乳的脂肪或非脂乳固体的含量，作为标准化的依据。标准化工作是在贮乳罐的原料乳中进行或在标准化机中连续进行的。

（2）标准化的方法

①预标准化：在杀菌之前把全脂乳分离成稀奶油和脱脂乳。若标准化含脂率高于原料乳的含脂率，需将稀奶油按计算比例与原料乳混合以达到要求的含脂率；若标准化含脂率低于原料乳的含脂率，需将脱脂乳按比例与原料乳混合以达到稀释的目的。

②后标准化：是在杀菌之后进行的标准化，方法同上。它较预标准化发生二次污染的可能性更大。

以上两种方法都需要大型混合罐，分析和调整工作很烦琐。

③直接标准化：该方法是与现代化的乳制品大生产相组合的方法。将牛乳加热至55℃～65℃，按预设的脂肪含量分离出脱脂乳和稀奶油，并根据最终产品的脂肪含量，由设备自动控制回流到脱脂乳中的稀奶油的流量，多余的稀奶油流向稀奶油巴氏杀菌机。该法快速、稳定、精确，与分离机联合运作，单位时间内处理量大。

5. 均质

均质是在机械处理条件下将乳中大的脂肪球破碎成小的脂肪球，并均匀一致地分散在乳中的过程。自然状态的牛乳，其脂肪球直径大小不均匀，范围一般在 $1\mu m$～$10\mu m$，75％的脂肪球直径为 $2.5\mu m$～$5\mu m$。经过均质，脂肪球可控制在 $1\mu m$ 左右，脂肪球的表面积增大，浮力下降，可使乳长时间保持不分层。同时均质后的乳脂肪球直径减小，有利于人体消化吸收。

目前，乳品生产中多数采用高压均质机，其主要部件为均质阀。均质压力越大，脂肪球直径越小。在实际生产中，有一级均质和二级均质两种方式，二级均质效果好。均质压力一般一级为17MPa～20MPa，二级为3.5MPa～5MPa，均质温度为55℃～80℃。通常一级均质用于低脂产品和高黏度产品的生产，而二级均质用于高脂、高干物质产品和低黏度产品的生产。

6.巴氏杀菌

巴氏杀菌是低温杀菌，能够杀死牛乳中的致病菌和绝大多数的细菌，但细菌的孢子和牛乳中的耐热菌很难通过巴氏杀菌来杀死。巴氏杀菌对牛乳营养成分的影响很小，脂溶性维生素 A 和维生素 D 的损失不明显。

（1）间歇式巴氏杀菌

又称低温长时巴氏杀菌。杀菌温度为 63℃～65℃，时间 30min。温度较低，热处理时间比较长，这种方法的优点是设备简单，牛乳的加热、保温、冷却可以在一个夹层罐中完成，但由于热处理时间长，生产效率低，所以目前液态乳生产基本上不使用这种巴氏杀菌工艺，而是采用连续生产的高温短时杀菌工艺。

（2）连续式巴氏杀菌

连续式巴氏杀菌又称高温短时巴氏杀菌，杀菌温度为 72℃～75℃，时间 15s～20s；或者杀菌温度 80℃～85℃，时间 10s～20s。采用这种杀菌工艺，可使用板式换热器对乳进行连续处理，效率高，成本低，是目前液态乳生产最常用的方式。

7.冷却

牛乳巴氏杀菌后，应立即冷却。首先在换热器内与流入的未经处理的牛乳进行换热，本身被冷却；然后可再由冷却水进行冷却。冷却后，牛乳被泵入灌装机。

8.灌装、储存

过去我国各乳品厂采用玻璃瓶包装，现在大多采用带有聚乙烯的复合塑料纸、塑料瓶或单层塑料包装。

在巴氏杀菌乳的储存和分销过程中，必须保持冷链的连续性。冷库温度一般为4℃～6℃。欧美国家巴氏杀菌乳的贮藏期为 1 周。巴氏杀菌乳在分销时要注意小心轻放，远离有异味的物质，避光，防尘和避免高温，避免强烈震动。

经过巴氏杀菌后的乳，应及时装箱或入冷藏库暂存，保质期可以达到 7d 甚至更长。

二、超高温灭菌乳

1.超高温灭菌乳的概念

超高温灭菌（Ultra High Temperature，简称 UHT）乳是指牛乳在密闭系统连续流动中，将原料乳加热到 135℃～142℃保持几秒钟，然后冷却到一定温度后再进行无菌灌装的商品乳。产品虽然经过很高温度的热处理，但是牛乳中所含细菌的热致死率随着温度的升高大大超过此间牛乳的化学变化的速率（如维生素破坏、蛋白质变性及褐变等），可有效地保护原料乳的品质，提高灭菌乳的质量。UHT 灭菌乳无需冷藏，可在常温下长期保存。

2.超高温灭菌乳的生产工艺

原料乳→验收→预处理（过滤、冷却、贮存）→标准化→预热→均质→UHT 杀菌→冷却→无菌包装→贮存

（1）原料乳的验收和预处理

需要高温处理的牛乳质量必须非常好，尤其重要的是牛乳中的蛋白质在热处理过程中不能失去稳定性。预处理和标准化工艺与生产巴氏杀菌乳相同。

（2）UHT 灭菌

在现代的 UHT 设备中，牛乳被泵入一个密闭的系统。在流经途中，牛乳被预热、高温处理、均质、冷却和无菌灌装。牛乳的 UHT 灭菌有直接蒸汽加热法和间接加热法两种方式。

①直接蒸汽加热法：原料乳先流至板式换热器的预热段，在预热至 80℃时，经泵加压至约 400kPa，并继续流动至环形喷嘴注射器，蒸汽注入产品中，迅速将产品温度升至 140℃（400kPa 的压力预防产品沸腾）。牛乳在此温度下于保温管中保温几秒钟，再进入真空室闪蒸冷却，最后在无菌均质机中进行均质。由板式换热器将均质后的产品冷却至约 20℃，并直接连续送至无菌灌装机或无菌罐中进行中间贮存以待包装。

②间接加热法：间接加热系统根据热交换器的不同可分为板式热交换系统和管式热交换系统，某些特殊产品的加工使用刮板式加热系统。原料乳在板式或管式热交换器内被前阶段的高温灭菌乳预热至 66℃（同时高温灭菌乳被新进乳冷却），然后经过均质机，在 15MPa～25MPa 的压力下进行均质，之后进入板式或管式热交换器的加热段，被热水系统加热至 137℃。加热介质为一封闭的热水循环，通过蒸汽喷射头将蒸汽喷入循环水中控制温度。加热后，牛乳进入保温管保温 4s，然后进入冷却阶段。在冷却时，牛乳首先与循环的热水换热，由 137℃降到 76℃，随后与进入系统的冷产品换热，由 5℃左右的新进乳冷却至 20℃，离开热回收段后，产品直接连续流至无菌灌装机或无菌罐中进行中间贮存以待包装。

（3）无菌包装

产品在经热处理后必须在无菌条件下包装于预先已灭菌的包装材料中，产品在处理后、包装完成前的任何中间过程都必须保持无菌条件，以减少再污染的风险。

无菌包装材料是以食品专用纸板作为基料的包装系统，由聚乙烯、纸、铝箔等复合而成。纸板不直接接触包装内容物,但其是包装的重要构成部分,占整个包装重量的75%左右，主要作用是加强包装成型后的挺度和硬度。聚乙烯重量占整个包装的20%左右，主要作用是阻隔液体渗漏和防止微生物侵袭。铝箔的重量只占整个包装的5%左右，主要作用是避光和阻隔空气，保持内容物不被氧化，减少营养损失，保持口味新鲜。

第三节　乳　　粉

乳粉是以鲜牛乳为原料，添加一定数量的植物蛋白质、植物脂肪、维生素、矿物质等，经杀菌、浓缩、干燥等工艺过程而制得的粉末状产品。乳粉的特点是在保持乳原有品质及营养价值的基础上，产品含水量低，体积小，质量轻，贮藏期长，食用方便，便于运输和携带，更有利于调节地区间供应的不平衡。

一、全脂乳粉

全脂乳粉是指新鲜牛乳经标准化、杀菌、浓缩、干燥而制得的粉末状产品。根据是否加糖又分为全脂淡乳粉和全脂加糖乳粉。

1. 全脂乳粉的一般生产工艺

原料乳→验收→净化→标准化→预热杀菌→浓缩→干燥→冷却→包装

（1）原料乳的验收及预处理

原料乳进入工厂后应立即进行检验，检验项目包括感官指标、理化指标及微生物指标。感官指标包括牛乳的色泽、气味以及肉眼可见的杂质，理化指标包括牛乳的相对密度、酸度、脂肪含量等，微生物指标主要是原料乳的细菌总数。各项指标及检验应按照国家规定的标准执行。根据检验结果，将不同的牛乳分别贮藏，加工成不同产品。

（2）原料乳的净化和标准化

生产乳粉时，为了获得稳定组成成分的产品，每批产品所用原料乳必须经过净化和标准化，其原理和方法与巴氏杀菌乳相同。

（3）预热杀菌

预热杀菌的目的主要是彻底杀死牛乳中的全部致病菌和绝大部分微生物以及破坏

牛乳中各种酶的活性，尤其是脂酶和过氧化物酶的活性，以延长乳粉的保质期。现在大多采用高温短时灭菌法（85℃～87℃/15s 或 94℃/24s）或超高温瞬时灭菌法（120℃～140℃/2s～4s）。

（4）牛乳的加糖

①加糖量：全脂加糖乳粉的蔗糖含量一般控制在 18.8%～19.5%。

②加糖方式：预热杀菌前加糖；将糖溶解成 65% 的糖浆进行杀菌，再与杀菌后的牛乳混合；将糖粉碎杀菌后，再与喷雾干燥好的乳粉混匀。前两种方法属于先加糖法，制成的乳粉产品溶解度明显改善，冲调性提高。

（5）浓缩

牛乳属于热敏性物料，浓缩宜采用真空浓缩。在 81kPa～90kPa 的真空状态下，牛乳在 40℃～70℃即可沸腾，避免了牛乳高温处理，减少了蛋白质的变性及维生素的损失，对保全牛乳的营养成分，提高乳粉的色、香、味及溶解度有益。经浓缩后喷雾干燥的乳粉，颗粒比较粗大，具有良好的流动性、分散性、可湿性和溶解性，乳粉的色泽也较好。真空浓缩大大降低了乳粉颗粒内部的空气含量，颗粒致密结实，不仅利于乳粉的保藏，而且利于包装。

真空浓缩一般浓缩到原料乳的 1/4 即可，浓缩后乳固体含量为 40%～50%。浓缩终点可通过测定浓缩乳的相对密度来判断，若是全脂浓缩乳，相对密度为 1.110～1.125，若是脱脂浓缩乳，相对密度为 1.160～1.180。真空浓缩的设备和种类较多，有盘管式、直管式、升膜式、降膜式等。

（6）均质

对于全脂乳粉、全脂加糖乳粉、脱脂乳粉等，一般不必进行均质操作。但乳粉的配料中加入了植物油或其他不易混匀的物料时，就需要进行均质操作。均质的压力一般为 14MPa～218MPa，温度控制在 60℃为宜。

（7）干燥

干燥是乳粉生产中很关键的一道工序。乳粉的干燥方法一般有喷雾干燥法、滚筒干燥法及冷冻干燥法三种。喷雾干燥法是目前使用最广泛的方法，其干燥速度快，物料受热时间短，水分蒸发速度很快，乳的营养成分破坏程度较小，乳粉的溶解度较高，冲调性好。

在实际生产中，常将喷雾干燥与其他干燥方式相结合进行分段干燥，即先喷雾干燥，然后用流化床干燥或热风干燥等。采用分段干燥制成的乳粉，具有溶解性好、密度高、颗粒大、不易飞扬等优点。

（8）冷却、包装

喷雾干燥室内的乳粉要求迅速连续地卸出，出粉后应立即筛粉，并及时冷却，以免受热过久，降低制品质量。喷雾干燥乳粉要求及时冷却至30℃以下。目前一般采用流化床出粉冷却装置。乳粉冷却后应立即用马口铁罐、玻璃罐或塑料袋进行包装。

2.乳粉的质量特性

（1）乳粉颗粒的形状和大小

采用不同生产工艺生产的乳粉的颗粒状态有很大的差别。若采用滚筒干燥法，则乳粉颗粒呈不规则的片状，而采用喷雾干燥法生产的乳粉，乳粉颗粒呈球状。采用压力喷雾干燥法制成的乳粉，颗粒粒径在 $10\mu m \sim 100\mu m$，平均 $45\mu m$；采用离心喷雾干燥法制成的乳粉，颗粒粒径在 $30\mu m \sim 200\mu m$，平均 $100\mu m$。对于速溶乳粉，颗粒粒径在 $100\mu m \sim 800\mu m$。一般乳粉颗粒越大，冲调性越好。

（2）乳粉的水分含量

乳粉的水分含量一般在 $2\% \sim 5\%$。水分含量太高，乳粉中残存的微生物会生长繁殖，产生乳酸，使酪蛋白变性而变得不可溶，降低了乳粉的溶解度。水分含量过低，易引起脂肪氧化，产生氧化臭味。

（3）乳粉中蛋白质的状态与乳粉的溶解度

乳粉的溶解度是指乳粉与一定量的水混合后能够复原成均一的新鲜牛乳状态的性能。乳粉的溶解度与乳粉中蛋白质变性有密切的关系。乳粉中蛋白质变性的量大，则溶解度低，冲调时变性的蛋白质不能溶解，或黏附在容器的内壁上，或沉淀于容器的底部。

（4）乳糖与乳粉结块

乳粉易吸潮而结块，主要与乳粉中乳糖及其结构有关。乳粉中含有 $30\% \sim 50\%$ 的乳糖。采用一般工艺生产的乳粉，乳糖呈非结晶的玻璃态，具有很强的吸湿性。

（5）乳粉中的脂肪特性

采用喷雾干燥法生产的乳粉，脂肪球小，呈球状，游离脂肪少，耐保藏。

二、脱脂乳粉

以脱脂乳为原料，经杀菌、浓缩、喷雾干燥而制成的乳粉即脱脂乳粉。脱脂乳粉因含脂率低，所以耐保藏，不易氧化变质，广受消费者的欢迎。

脱脂乳粉的生产工艺与全脂乳粉相同。原料乳经验收后，用分离机将牛乳分离成脱脂乳与稀奶油。分离时，应控制脱脂乳的含脂率不超过 0.1%。脱脂乳的预热杀菌、浓缩、喷雾干燥、冷却、过筛、包装等过程与全脂乳粉完全相同。

三、速溶乳粉

速溶乳粉是在制造乳粉过程中采取特殊的造粒工艺或喷涂卵磷脂而制成的溶解性、冲调性极好的粉末状产品。速溶乳粉通常具有以下几个特点：

一是乳粉颗粒粗大、均匀，一般颗粒直径在 $100\mu m \sim 800\mu m$。

二是速溶乳粉的溶解性、冲调性、可湿性、分散性等都有大的提高。当用水冲调速溶乳粉时，乳粉溶解得很快，而且不会在水面上结成小团。

三是速溶乳粉中的乳糖呈结晶态的 α-含水乳糖，而不是非结晶无定形的玻璃态，所以这种乳粉在保藏中不易吸湿结块。

四、配方乳粉

配方乳粉是指针对不同人群的营养需要，在鲜乳中或乳粉中配以各种营养素，经加工干燥而成的乳制品。配方乳粉的种类包括婴儿配方乳粉、中老年乳粉及其他特殊人群需要的乳粉。

1. 婴儿配方乳粉

婴儿配方乳粉是指以乳类及乳蛋白制品为主要原料，加入适量的维生素、矿物质或其他成分，仅用物理方法生产加工制成的粉状产品，其能量和营养成分能够满足 0~6 月龄婴儿正常营养需要。

婴儿配方乳粉营养成分的调整主要是以母乳作为标准，根据母乳与牛乳营养成分及含量的区别调整牛乳中的各种营养成分，使调整后的乳粉营养成分的种类和比例接近母乳。

①蛋白质的调整：母乳中的总蛋白质含量低，但乳清蛋白质的比例却很高，乳清蛋白在胃中形成比较软的凝乳，易被婴儿消化吸收，而牛乳中比例较高的酪蛋白则会形成相当硬的凝块，不易被婴儿消化。因此，可通过添加脱盐乳清粉的方式将乳清蛋白与酪蛋白的比例调整为 60：40。

②脂肪的调整：亚油酸是一种人体必需的不饱和脂肪酸，容易被消化吸收。母乳脂肪中亚油酸一般占脂肪酸的 12.8%，而牛乳中亚油酸仅占脂肪酸的 2.2% 左右；牛乳脂肪中的饱和脂肪酸含量高，不易被婴儿消化，而母乳脂肪中饱和脂肪酸含量较低。因此，

应降低婴儿配方奶粉中饱和脂肪酸的含量，添加适量的亚油酸，使脂肪酸的组成接近母乳，以提高婴儿对脂肪的消化吸收率。

③碳水化合物：乳糖是乳中唯一的碳水化合物，可为人体提供容易消化的能源，在肠道内转化为乳酸，有助于防止有害细菌的生长，促进钙和其他矿物质的吸收。牛乳中的乳糖含量比母乳低，需要强化。

④无机盐和维生素：牛乳中的无机盐类比母乳高 3 倍，过量的无机盐会增加婴儿的肾脏负担。由于牛乳中的无机盐无法除掉，所以添加乳清粉时必须使用脱盐乳清粉。

婴儿配方乳粉应充分强化维生素。牛乳中比较缺少维生素 A、维生素 D 和维生素 C，需要补充。同时，维生素 E、维生素 B_1、维生素 B_2、维生素 B_6、维生素 B_{12}、维生素 PP 和叶酸等的不足部分也要按国家标准添加。

2. 中老年乳粉

中老年乳粉是根据中老年人的生理特点和营养需求进行调制的一类乳粉，是中老年人理想的营养饮品。其配方调整特点为：

（1）添加了帮助双歧杆菌增殖的低聚果糖。

（2）强化了多种维生素和微量元素，特别是钙元素。

（3）钙含量高、钙磷比例合理，强化的维生素 D 可调节钙磷代谢、促进钙的吸收。

第四节　酸　　乳

酸乳是一种经细菌发酵产酸而成的酸凝固产品。联合国粮农组织和世界卫生组织将酸乳定义为乳与乳制品在保加利亚乳杆菌和嗜热链球菌的作用下经乳酸发酵而得到的凝乳状产品，成品中必须含有大量的、相应的活性微生物。简单地说就是以新鲜牛乳或乳粉为原料，经发酵剂保温发酵而制成的产品，其中可添加各种风味食品添加剂或果肉，使其具有各种口味。

酸乳是一种营养价值很高的食品，其主要价值体现在：

①鲜乳经过发酵后，其中的乳糖被乳酸菌分解成乳酸，可以有效防止乳糖不耐症。

②酸乳中含有的 3-羟基-3-甲基戊二酸和乳酸可以降低胆固醇，有效预防老年人的心脑血管疾病。

③酸乳中产生的有机酸可以加强胃肠蠕动，刺激胃液分泌，抑制肠内的有害菌。

④动物试验发现，酸乳可以有效抑制癌细胞的增殖。

⑤由于酸乳中富含钙和多种维生素，常饮用酸乳可以固齿、明目、润肤、健发，具有一定的美容功效。

酸乳的生产离不开发酵剂。发酵剂是一种能够促进乳的酸化过程，含有高浓度乳酸菌的特定微生物培养物。发酵剂主要有分解乳糖产生乳酸的作用；产生挥发性的物质，如丁二酮、乙醛等，从而使酸乳具有典型的风味；具有一定的降解脂肪、蛋白质的作用，从而使酸乳更利于消化吸收；酸化过程抑制了致病菌的生长。酸乳中的特征菌为保加利亚乳杆菌和嗜热链球菌。

保加利亚乳杆菌是一种乳酸菌，乳酸菌能使乳糖发酵变成乳酸。经乳酸菌发酵后产生的半乳糖、葡萄糖，不但容易吸收，还是人脑和神经发育所需，尤对婴儿脑发育有益。乳酸菌还能将乳蛋白分解成肽和氨基酸，使其变得易于消化、吸收，提高了蛋白质的利用率。

嗜热链球菌为健康人体肠道正常菌群，可在人体肠道中生长、繁殖，可直接补充人体正常生理细菌，调整肠道菌群平衡，抑制并清除肠道中对人体具有潜在危害的细菌。

嗜热链球菌和保加利亚乳杆菌活菌真正对人体起作用的是其乳发酵产物和底物。这些物质进入人体内，可以促进人体内有益菌的增殖，抑制有害菌的繁殖，起到整肠及抗菌作用。

嗜热链球菌产酸，保加利亚乳杆菌产酸、产香。两者具有良好的相互促进生长的关系。两者共同作用，发酵乳中的乳糖产生乳酸，当乳 pH 值达到酪蛋白的等电点时，酪蛋白胶粒便凝聚形成特有的网络结构。

通常酸乳根据其在零售容器中的物理状态进行分类，可分为凝固型酸乳和搅拌型酸乳。

一、凝固型酸乳

凝固型酸乳是将需要添加的色素、香精、稳定剂等辅料经过适当的工艺处理，再和原料乳混合，经过均质处理后冷却到适当的温度接种，然后将接种后的原料乳灌装在零售容器中，再将其放置于合适的温度下培养，得到的产品称为凝固型酸乳。培养温度和培养时间一般根据菌种的不同而不同：对于直投式菌种，一般采用 40℃～43℃，4h～6.5h；对于传代式菌种，一般采用 40℃～43℃，最佳温度为 42℃～43℃，时间为 2.5h～4h。一旦培养达到所要求的 pH 值后应立即冷却，并且最好经过冷藏过夜。

（一）原料要求

1. 原料乳

生产酸乳的原料乳必须是高质量的，要求必须是无抗生素的新鲜牛奶，脂肪≥3.2%，蛋白质≥22.8%，干物质≥10.8%，酸度 16°T～18°T，72%酒精试验阴性，杂菌数不高于 50 万 CFU/mL，活性状态良好，煮沸无异常。不得使用病畜乳，如乳房炎乳和残留抗生素、杀菌剂、防腐剂的牛乳。

2. 其他辅料

（1）脱脂乳粉

用作发酵乳的脱脂乳粉必须高质量，无抗生素、防腐剂。脱脂乳粉可提高干物质含量，改善产品组织状态，促进乳酸菌产酸，一般添加量为 1%～1.5%。

（2）稳定剂

稳定剂一般有明胶、果胶、琼脂、变性淀粉、羧甲基纤维素钠及复合型稳定剂，其添加量应控制在 0.1%～0.5%。其主要作用是防止产品出现分层或沉淀，保持产品的外观性能。

（3）甜味剂

一般用蔗糖或葡萄糖作为甜味剂，其添加量可根据各地不同的口味而有所差异，一般以 6.5%～8%为宜，添加量不应超过 12%。

（4）果料

果料的种类很多，如果酱，其含糖量一般在 50%左右。果肉粒度一般为 2mm～8mm。果料及调香物质在搅拌型酸乳中使用较多，而在凝固型酸乳中使用较少。

（二）乳的标准化

标准化的目的是增加乳固体含量，使酸奶凝固得更结实，乳清也不易析出。一般标准化的方法有三种：

1. 直接加混原料组成

在原料乳中直接加脱脂乳粉或全脂乳粉等，或强化原料乳中的乳成分（如加入乳清粉、酪蛋白粉、奶油、浓缩乳等）。

2. 浓缩原料乳

原料乳通过蒸发、反渗透、超滤等方法除去水分进行浓缩。

3. 复原乳

由于奶源条件的限制，以脱脂乳粉、全脂乳粉、无水奶油等为原料，根据所需原料乳的化学组成，用水来配制成标准原料乳。

（三）配料

将原料乳加热到 50℃ 左右，再加入 6%～9% 的蔗糖，待 65℃ 时，过滤除去杂质。

（四）均质

将所有的配方原料充分混合完成后，预热到 60℃，在 15Mpa～20Mpa 压力下均质。

（五）杀菌

杀菌的目的是杀灭原料乳中的杂菌，确保乳酸菌的正常生长和繁殖；钝化原料乳中对发酵菌有抑制作用的天然抑制物；热处理使牛乳中的乳清蛋白变性，以达到改善组织状态，提高黏稠度和防止成品乳清析出的目的。原料乳经过 90℃～95℃ 并保持 5min 的热处理效果最好。

（六）冷却

经过杀菌热处理的牛乳需要冷却到一个适宜的接种温度。对短凝乳时间的接种，温度一般在 42℃ 左右，如果需要延长发酵时间，温度可以降至 30℃～32℃。

（七）接种

接种量要根据菌种活力、发酵方法、生产时间的安排和混合菌种配比的不同而定。一般生产发酵剂，其产酸活力均在 0.7%～1.0%，此时接种量应为 2%～4%，产酸活力低于 0.6% 时，则不应用于生产。加入的发酵剂应事先在无菌操作条件下搅拌成均匀细腻的状态，不应有大凝块，以免影响成品质量。

制作酸乳常用的发酵剂为嗜热链球菌和保加利亚乳杆菌的混合菌种，降低保加利亚乳杆菌的比例则酸奶在保质期限内产酸平缓，可防止酸化过度。如生产短保质期普通酸乳，发酵剂中嗜热链球菌和保加利亚乳杆菌的比例应调整为 1：1 或 2：1；生产保质期为 14d～21d 的普通酸乳时，嗜热链球菌和保加利亚乳杆菌的比例应调整为 5：1。对于制作果料酸乳而言，两种菌的比例可以调整到 10：1，此时保加利亚乳杆菌的产香性能并不重要，因为这类酸乳的香味主要来自添加的水果。

（八）灌装

接种后搅拌 5min，使发酵剂均匀分布于混合液中，即可开始灌装。在装瓶前需对玻璃瓶进行蒸汽灭菌。从接种开始到灌装完毕送入发酵室，不得超过 1.5h，否则灌装过程中牛乳有可能凝固，最终导致产品有乳清析出。

（九）发酵

灌装完毕、封盖后的产品迅速放入发酵室中，在 43℃左右的温度下发酵 2.5h～4h，当产品达到凝固状态时即可终止发酵。发酵终点可以依据产品表面出现少量水痕、pH 值低于 4.6、酸度达到 80°T 三个指标来判断。

（十）冷藏与后熟

酸乳达到发酵终点后，立即放入 21℃～5℃的冷库中，通过温度的调整迅速抑制乳酸菌的生长，降低酶的活性，防止酸乳的酸度过大。后熟时间 12h 以上，可以促进芳香物质的产生，同时增加酸乳的黏度，使最终产品呈现胶体状，白色不透明，组织光滑，具有柔软的蛋奶羹状硬度。

二、搅拌型酸乳

搅拌型酸乳在接种前的工艺完全同于凝固型酸乳，区别是在发酵罐或搅拌器内接种并培养，其培养时间和培养温度同凝固型酸乳。当达到合适的 pH 值后，即可停止发酵，在发酵结束后将酸乳直接搅拌进行冷却或者转移到另外的罐中进行冷却，凝块在冷却和包装阶段被打碎。目前常用的冷却方式是两段式冷却，即最初的凝块冷却到 20℃～25℃，然后再灌装在零售容器中，放置在冷藏条件下贮存。

（一）原料要求

原料的准备和处理、接种、发酵工艺操作与凝固型酸乳相同。

（二）大罐发酵

搅拌型酸乳的发酵工艺同于凝固型酸乳，不同的是搅拌型酸乳的发酵过程是在热水夹套的大罐中完成的，而不是在零售容器中。

（三）搅拌

搅拌转速为 2r/min～4r/min，时间 5min～10min，搅拌后通常可以获得均匀的混合物，同时搅拌过程还可以抑制发酵剂的活性，降低产酸的速度。

（四）冷却

当发酵乳达到理想的酸度（pH 值 4.5～4.6）后就可以直接冷却了。搅拌型酸乳的冷却是通过用温和的正位移泵将酸乳泵送到板式或管式冷却器中进行的，这样的冷却方式可以让酸乳达到足够低的抑制发酵剂活性的温度。为了保证产品质量的均一性，应确保一个大的发酵罐能在 20min 内排空。

（五）中间贮藏

搅拌型酸乳由于酸乳的生产速率与灌装的速率不一致，因此需要中间贮藏的过程。中间贮藏同时也是为了满足酸乳冷却后添加果料的需要，一般理想的贮藏时间不要超过 24h，温度一般控制在 8℃～10℃。中间贮藏时间应尽可能短，否则贮存中发生的物理变化会导致乳清分离现象的出现，而影响最终产品的品质。

（六）添加果料

水果浓缩物的添加量一般为最终产品的 15%～25%，这主要取决于配料中水果的含量。水果的品质非常重要，需要特别注意果料的制备，确保采用正确的温度和时间组合，以杀灭食品中的腐败微生物，特别是真菌。

（七）灌装

水果酸乳灌装前暂存在缓冲罐中，要确保这个阶段酸乳的黏度足以悬浮水果颗粒，甚至在灌装过程中也能保证悬浮。

（八）冷藏

冷藏温度一般在 2℃～5℃。在配送过程中，温度不应超过 10℃。温度的变化会影响酸乳的黏度、口感，以及潜在的食品腐败菌和致病菌的生长环境，甚至加速酸乳的生化反应，大大影响酸乳的品质。

三、酸乳常见质量问题分析

（一）颗粒状结构或白点

1. 可能的产生原因

磷酸钙沉淀，白蛋白变性；接种温度太低或者过高；菌种问题；降温太快；细菌噬菌体的污染；搅拌温度过高或者搅拌太早。

2. 预防控制措施

调整热处理强度；接种温度最好控制在 35℃～43℃；选用高黏稠的菌种；降温时先从 43℃降低至 20℃，再缓慢降至 4℃，不要一次性快速降温；严格控制工艺中的卫生程序，保持无菌接种；搅拌应待酸乳的 pH 值低于 4.5，降温至 20℃左右后再进行。

（二）黏稠度偏低

1. 可能的产生原因

乳中蛋白质含量偏低；热处理或者均质不充分；搅拌过于激烈，搅拌温度过低；菌种比例不当；酸化期间凝块遭到破坏；生产线中机械处理过猛。

2. 预防控制措施

发现乳中蛋白质含量过低时增加乳中蛋白质的含量；调整生产工艺，有效控制搅拌速度，提高夹套出水温度至 20℃～40℃，不要让搅拌温度过低；选用高黏度的菌种，为防止酸化期间凝块遭到破坏，要调整加工条件；生产线上用正位移泵，降低泵速，减小管中压力，有效避免原料在生产线中机械处理过猛。

（三）出现乳清析出或者脱水现象

1. 可能的产生原因

干物质和蛋白质含量偏低，脂肪含量太低；乳中混有氧气；均质或者热处理不充分，搅拌、泵出时酸度过高；发酵中的乳酸杆菌比例过高；pH 值低于 4.2 后仍在发酵；发酵中搅拌；灌装温度过低，生产中受到污染。

2. 预防控制措施

调整原料成分比例，增加脂肪或者酸化到 pH 值 4.1～4.3；选用高黏度的菌种，为防止酸化期间凝块遭到破坏，要调整加工条件；严格控制卫生条件，筛选合适的乳酸菌种，保持无菌接种；必要时乳需要真空脱气以保证乳中没有氧气；禁止发酵中搅拌，搅拌要确保充分酸化，发酵结束后要快速冷却。

（四）凝块中含有气体

1. 可能的产生原因

管道泄漏，空气渗入；搅拌过于猛烈；被酵母、大肠杆菌等产气菌污染。

2. 预防控制措施

生产前和生产中要检查管道的连接处，确保管道没有泄漏，没有空气混入；搅拌不要过猛；控制卫生条件，一旦发现被污染的现象，立即找出污染源，及时控制处理。

（五）发酵缓慢

1. 可能的产生原因

牛乳原料中有抗生素等抑制物；在发酵中温度波动太大；菌种活力不足；噬菌体污染。

2. 预防控制措施

对原料乳严格验收管理；换用高活力的菌种；采用直投菌种的方式，准确控制发酵温度；严格控制管道清洗程序，确保卫生条件安全。

第六章 蛋制品加工技术

第一节 蛋制品加工基本知识

一、蛋的结构

禽蛋由蛋壳、蛋白和蛋黄三个主要部分组成。其中蛋壳的质量占8%～12%，蛋白占55%～66%，蛋黄占30%～33%。

1. 蛋壳

蛋壳主要是由壳外膜、蛋壳及壳内膜三部分组成，是包裹在蛋内容物外面的石灰质硬壳，其颜色与家禽的种类和品种有关，与蛋中的营养成分关系不大，无食用价值，仅起保护作用。

（1）壳外膜

壳外膜是一层紧贴蛋的外表面的胶质性干燥黏液，厚度约为5μm～10μm，是无色透明、具有光泽的可溶性的蛋白质，只有把蛋浸湿后才能感觉到它的存在。壳外膜的作用是阻止细菌侵入并防止蛋内水分过多蒸发，避免蛋的重量损失。壳外膜易溶于水，水洗或久藏可使其溶解而失去保护作用。壳外膜的存在可以鉴别蛋的新陈以及是否为水洗蛋。

（2）蛋壳

蛋壳是包裹在蛋内容物外面的一层硬壳，由碳酸钙、碳酸镁、磷酸镁等矿物质组成，具有透视性。蛋壳上有许多小孔（气孔），尤以钝端为多，是蛋本身进行新陈代谢的通道。鸡蛋的气孔小，鸭蛋、鹅蛋的气孔大。由于品种及饲喂条件不同，禽蛋色泽不同，其蛋壳厚度也不一样。一般来说，白壳鸡蛋蛋壳较薄，褐壳鸡蛋蛋壳较厚。蛋的纵轴耐压力较横轴强，所以装运时，蛋应竖直放置，以免压碎。

（3）壳内膜

壳内膜是在蛋壳内面、蛋白外面的一层白色薄膜，不溶于水、酸、碱及盐类溶液，

厚度为 $73\mu m\sim114\mu m$，分内外两层。内层包裹蛋白，叫蛋白膜，结构较疏松，细菌能自由通过。外层紧贴蛋壳内壁，叫蛋壳膜。蛋壳膜结构致密，网眼极细，细菌不易通过，当蛋白分解酶将其溶解后，微生物才能进入蛋白内，因此壳内膜具有保护蛋内容物不受微生物侵蚀的作用。刚产下的蛋，两层膜紧密黏合在一起。蛋产出后，由于外界温度比家禽体温低，蛋内容物收缩，空气进入壳内，使蛋的钝端壳内膜的内、外两层分离形成气室。新鲜的禽蛋气室小，放置时间越长，蛋的水分散失愈多，气室便会逐渐增大，所以可以根据气室的大小判断禽蛋的新鲜与陈旧。

2. 蛋白

蛋白位于蛋白膜的内层，也称蛋清，是一层白色半透明的黏性半流动体，约占蛋重的 2/3，可分为浓蛋白和稀蛋白两种。浓蛋白富含溶菌酶，分布于蛋黄周围。在保存期间，由于受温度和蛋内蛋白酶的影响，浓蛋白逐渐变稀，所含溶菌酶也随之消失，最后造成蛋白被污染和腐败变质。稀蛋白是水样状，自由流动，多分布于蛋白的外层，不含溶菌酶。保存温度较高，保存时间较长，浓蛋白减少而稀蛋白增加，这就意味着蛋的品质下降。

3. 蛋黄

蛋黄由蛋黄内容物、蛋黄膜、系带和胚胎组成。

（1）蛋黄内容物

蛋黄为不透明、浓稠、呈半流动的乳状黏稠状物，主要是由无数富于脂肪的球形细胞组成。蛋黄液呈弱酸性，蛋黄的颜色取决于家禽粮食中胡萝卜素的多少，可分为黄、淡黄、黄白色三种，形成彼此相间的轮层。蛋黄的中央是黄白色蛋液所在地，呈细颈烧瓶状，位于蛋黄的中心，其瓶颈向外延伸，直达蛋黄膜下，托住胚胎。新鲜的禽蛋，蛋黄位于中心部分，摇动时可以使蛋黄的位置改变，但静置后，蛋黄又可位居中央。陈旧的禽蛋因浓蛋白减少，系带变细，固定蛋黄的作用变弱，蛋黄便可以上浮，形成靠黄蛋或贴皮蛋。

（2）蛋黄膜

紧裹蛋黄，介于蛋白与蛋黄之间的一层透明而韧性很强的薄膜为蛋黄膜。新鲜蛋黄紧缩成球形，随着贮存时间的延长，蛋黄膜韧性降低，蛋黄在平板上的高度降低而呈扁平状。若蛋黄膜韧性丧失，蛋黄即可破裂成散蛋黄。所以蛋黄膜的韧性大小和完整度，也是蛋新鲜度的标志之一。

（3）系带

在禽蛋的两端，紧紧联系着蛋黄的两端，各有一条带状物，叫作系带。系带由致密的蛋白质组成，成螺旋状，用以固定蛋黄位置。系带具有弹性，随着禽蛋存放时间的加长而慢慢变细，失去弹性，并与蛋黄脱离，因而发生贴壳现象。

（4）胚胎

蛋黄表面有一色淡而体小的物质，叫胚胎。它的相对密度较蛋黄小，位于蛋黄上部。如保存的温度过高，胚胎就会发育变化，蛋的食用价值便降低。

二、蛋的性质

1. 蛋的理化特性

（1）蛋的重量

不同种类的禽蛋的重量有较大差异。一般鸡蛋平均重为 52g（32g～65g），鸭蛋平均重为 85g（70g～100g），鹅蛋平均重为 180g（160g～200g）。蛋的重量还受家禽品种、年龄、体重、饲养条件等因素的影响。

（2）蛋的相对密度

蛋的相对密度与蛋的新鲜程度有关，新鲜鸡蛋全蛋的相对密度为 1.080g/mL～1.090g/mL，新鲜鸭蛋和鹅蛋的相对密度约为 1.085g/mL，陈蛋的相对密度为 1.025g/mL～1.060g/mL。通过测定蛋的相对密度，可以鉴定蛋的新鲜程度。

（3）蛋的酸度

新鲜蛋白的 pH 值为 6.0～7.7。贮藏期间，由于逸出二氧化碳，蛋白的 pH 值逐渐升高，在 10d 左右可达 9.0 以上，在蛋白腐败阶段，pH 值会迅速下降。新鲜蛋黄的 pH 值为 6.0～6.4，呈弱酸性，保存期变化缓慢。

（4）蛋的黏度

禽蛋的各部分黏度也不相同。新鲜鸡蛋的蛋白黏度以浓蛋白最高，稀蛋白最低。陈蛋、营养不良蛋由于蛋白较稀薄，水样蛋白有所增加，其黏度较低。

（5）鸡蛋的冰结点

鸡蛋蛋白的冰结点为 -0.41℃～ -0.48℃，平均冻结温度为 -0.45℃；鸡蛋蛋黄的冰结点为 -0.45℃～ -0.67℃，平均冻结温度为 -0.60℃。

（6）鸡蛋的热凝固点

禽蛋加热开始凝固时的温度便是凝固点，新鲜鸡蛋蛋白的凝固点在 62℃～64℃，平均为 63℃；蛋黄的凝固点在 68℃～71.5℃，平均为 69.5℃。

2．蛋的加工特性

禽蛋与食品加工密切相关的特性主要有蛋的凝固变性、蛋黄乳化性和蛋白发泡性。这些特性使得蛋在糕点、糖果、冰淇淋等各种食品中得到广泛应用。

（1）蛋的凝固变性

蛋的凝固是由流体变成固体或半固体（凝胶）状态，实质是一种蛋白质分子的结构变化，当禽蛋蛋白受热、盐、酸或碱作用时则会发生凝固。蛋的凝固变性是蛋重要的加工特性。影响蛋白质凝固变性的因素很多，如加热、酸、盐、有机溶剂、光、高压、剧烈振荡等。

①加热引起的凝固变性：蛋经加热，由生变成半熟，再由半熟达到全熟，其蛋白、蛋黄的状态有多种变化。如果温度一定，不同加热时间也可发生不同程度的变性，时间愈长，变性凝固愈深。在短时间的高温中，蛋白凝固而蛋黄呈半流动状态。

②蛋液凝固变性与 pH 值的关系：蛋液的凝固变性与蛋白质的等电点有密切的关系。鸡蛋卵白蛋白的等电点为 pH 值 4.5，这时的蛋白质加热最容易凝固变性。反之，蛋液蛋白质的 pH 值距其等电点越远，加热时越不易凝固变性。在干蛋白片加工时，利用此关系，提高烘制温度，杀灭蛋液中的沙门菌，而不使蛋白质发生凝固变性。

大多数蛋白质的等电点接近 pH 值 5，当 pH 值大于 12.0 时，蛋白质分子会凝集发生碱凝固，即凝胶化。皮蛋加工就是利用此性质。

③添加物对凝固变性的影响：加入食盐、砂糖时，蛋的凝固温度会发生变化。盐类能降低蛋白质分子间的排斥力，促进蛋液的凝固，因此，蛋在盐水中加热，蛋液凝固完全，且易离壳。如果是钙盐，凝固力将更强，效果是钠盐的千倍。因此，制作蛋乳糕使用牛奶时，100g 牛奶中约含 0.19g 钙，会得到添加食盐一样强的凝固性。另一方面，砂糖有减弱蛋白质凝固的作用，蛋液中加入糖可使凝固温度升高，凝固物变化，加糖后制品的硬度与砂糖添加量成比例下降。

（2）蛋黄的乳化性

蛋黄中含有丰富的卵磷脂，所以具有优良的乳化性。蛋黄的乳化性对蛋黄酱、色拉调味料、起酥油面团等的制作有很大的意义。蛋黄的乳化性受加工方法和其他因素的影响。用水稀释蛋黄后，其乳化液体的稳定性降低；向蛋黄中添加少量食盐、糖等，都可显著提高蛋黄乳化能力；蛋黄发酵后，其乳化能力增强，乳化液的热稳定性高；温度对蛋黄卵磷脂的乳化性也有影响，例如，制蛋黄酱时，凉蛋乳化作用不好，一般以 16℃～18℃比较适宜，温度超过 30℃又会由于过热使粒子硬结在一起而降低蛋黄酱的质量；而酸能降低蛋黄的乳化力。另外，冷冻、干燥、贮藏都会使蛋黄的乳化力下降。

（3）蛋白的起泡性

当搅打蛋清时，空气进入并被包在蛋清液中形成气泡。在起泡过程中，气泡逐渐由大变小，且数目增多，最后失去流动性，通过加热使之固定。蛋白一经搅打就会起泡，原因是蛋清蛋白质降低了蛋清溶液的表面张力，有利于形成大的表面；溶液蒸气压下降，使气泡膜上的水分蒸发现象减少；泡的表面膜彼此不立刻合并；泡沫的表面凝固等。

第二节　咸蛋加工

咸蛋又名盐蛋、腌蛋，是以鸭蛋或鸡蛋为原料，用盐水或含盐的黄泥、红泥、草木灰等腌制而成的蛋制品。咸蛋具有特别的风味，食用方便，是我国著名的传统食品。一般具有"鲜、细、嫩、沙、油、松"的特点，其切面黄白分明，蛋白洁白，金黄油润，鲜美可口。

一、咸蛋加工原理

（一）咸蛋腌制原理

1. 食盐高渗透压

食盐溶液能产生很高的渗透压，使微生物细胞脱水和产生质壁分离而抑制微生物的生长繁殖，这是咸蛋能在常温下较长时间保存的主要原因。一般 1% 的食盐可以产生 $6.17 \times 10^5 Pa$ 的渗透压，大多数微生物细胞的渗透压为 $3.07 \times 10^5 Pa \sim 16.8 \times 10^5 Pa$。咸蛋加工中腌渍盐浓度一般为 $15\% \sim 20\%$，盐溶液产生的高渗透压远远大于微生物细胞的渗透压。

2. 降低水分活度

食盐溶于水后离解成钠离子、氯离子，它们与水分子结合，形成水化离子，使蛋内的自由水变成了结合水，导致蛋内水分活度下降，微生物可利用的水分减少，其生长繁殖受到抑制，这是咸蛋能长期保存的另一个重要原因。

3. 食盐的扩散与渗透

在腌制过程中，食盐能通过蛋壳的气孔、蛋壳膜、蛋白膜、蛋黄膜向蛋白和蛋黄扩散、渗透，而蛋内的水分反方向渗出，同时食盐使蛋白、蛋黄发生复杂的化学变化，导致蛋白逐渐变稀，蛋黄逐渐变硬，形成了咸蛋独特的风味。

4. 抑制酶活力

食盐既可以降低蛋内蛋白酶的活性，也能降低微生物分泌产生的蛋白酶的活性，抑制蛋白质的分解，延缓了蛋的腐败变质。

（二）咸蛋加工的原辅料

1. 原料蛋的选择

加工咸蛋通常选用鸭蛋或鸡蛋，但鸭蛋中的脂肪含量较高，蛋黄中的色素含量也较多，因此，用鸭蛋加工的咸蛋风味、色泽更好。

制作咸蛋选用的原料蛋要求新鲜、卫生，蛋壳表面光泽、完整、坚实、无裂纹，壳外膜色白且呈霜状；气室小，高度在 4mm～9mm；蛋白浓厚、透明、无杂质异味；蛋黄完整，呈半球状，位于蛋的中心。鉴别、挑选蛋的时候一般采用感官鉴别法，主要依靠经验来判断蛋的质量，可以采用看、听、摸、闻等方法。

2. 食盐

食盐是加工咸蛋最主要的辅料。加工咸蛋时应选择色白、味咸、氯化钠含量高（97％以上）、无苦涩味的干燥食盐。在咸蛋加工过程中，应事先测得食盐中氯化钠和水分的含量，以便能准确掌握其用量。

3. 草木灰

当采用草木灰法加工咸蛋时，草木灰的主要作用是和食盐调成料泥或灰料。要求草木灰干燥、无杂质、无异味、无霉变、质地均匀细腻。

4. 黄泥

黄泥和草木灰的作用相同，要求干燥、无杂质、无异味。另外，不能使用含腐殖质较多的泥土。

5. 水

企业加工咸蛋一般直接使用清洁的自来水，但使用冷开水对于提高产品品质更有利。

二、咸蛋加工的一般工艺

原料蛋的选择→分级→配料→腌制→成品保存

（一）原料蛋的选择

1. 选蛋

挑选色泽、大小接近的鸭蛋为原料蛋。要求蛋壳表面清洁、无破损和异形。

2. 照蛋

利用照蛋器进行照蛋。要求气室小，高度在 5mm 以内，略发暗，不移动；蛋白完全透明，呈淡橘红色，无杂质；蛋黄居中，呈现朦胧暗影。蛋转动时，蛋黄也随之转动。

3. 敲蛋

根据敲击蛋壳发出的声音来区别蛋有无破损、变质，以及蛋壳的厚薄程度。方法是将两枚蛋拿在手里，用手指轻轻回旋敲击，或用手指甲在蛋壳上轻轻敲击。新鲜蛋发出的声音坚实，似砖头敲击声；裂纹蛋声音沙哑，有"啪啪"声；空头蛋大头有空洞声。

（二）分级

一般根据大小和重量进行分级。一级蛋千枚重 80kg；二级蛋千枚重 75kg；三级蛋千枚重 70kg；四级蛋千枚重 65kg。不同级别的蛋分别进行腌制。

（三）配料

生产咸蛋的配料标准在各地不尽相同。在不同季节，也应调整食盐浓度。一般食盐浓度控制在 15%～20%，具体根据生产方法不同而有所不同。常用的生产方法有草木灰法、黄泥法、盐水法等。

（四）腌制

草木灰法和黄泥法是将选好的蛋放入处理好的灰浆或泥浆中，使蛋壳沾满灰浆或泥浆，再将蛋的表面裹上一层干草灰，放入容器内密封。夏季经 20d～30d 腌制，春秋季节经 40d～50d 腌制，咸蛋可成熟。

盐水法是将蛋放入容器内后，加入配好的盐水将蛋完全浸没，然后密封。腌制 20d 左右即可成熟。

（五）成品保存

腌制成熟的咸蛋应在 25℃以下，相对湿度 85%～90%的场所贮存，其贮存期一般不超过 3 个月。

第三节　皮蛋加工

皮蛋又名松花蛋、彩蛋、变蛋，是我国著名的蛋制品。成熟的皮蛋，其蛋白呈棕褐色或墨绿色凝胶体，有弹性，蛋白凝胶体有松花状的结晶花纹，故名松花蛋；其蛋黄是呈深浅不同的墨绿、草绿、茶色的凝固体，其色彩多样、变化多端，故又称彩蛋、变蛋。

皮蛋的种类很多，按蛋黄的凝固程度可分为溏心皮蛋和硬心皮蛋，按加工原辅料不同可分为无铅皮蛋、五香皮蛋、糖皮蛋等。

一、皮蛋加工原理

1. 皮蛋加工原理

（1）蛋白与蛋黄的凝固

皮蛋形成的基本原理是蛋白质在碱性条件下变性凝固。加工中使用的纯碱和生石灰在水中可生成氢氧化钠，当蛋白与蛋黄遇到一定浓度的氢氧化钠后，蛋白中的蛋白质发生变性，形成具有弹性的凝胶体。蛋黄部分则因为蛋白质变性和脂肪皂化形成凝固体。皮蛋的凝固过程可分为化清、凝固、变色、成熟四个阶段。

加工中氢氧化钠的生成量直接影响皮蛋的质量和成熟期。当蛋中氢氧化钠的含量达到 0.2%～0.3%时，蛋白就会凝固。蛋浸泡在 4.5%～5.5%的氢氧化钠溶液中 7d～10d，就形成凝胶体。若氢氧化钠的浓度过高，已经凝固的蛋白质又会重新水解而液化，蛋黄变硬，产品碱味重；若氢氧化钠浓度过低，不利于蛋白凝固，成熟时间长。

（2）风味的形成

皮蛋具有特殊的风味，主要是蛋在加工过程中发生了多种化学变化，产生了多种风味成分。在碱性条件下，部分蛋白质水解生成氨基酸，具有风味活性。部分氨基酸再分解产生氨气、酮酸、硫化氢，微量的氨气和硫化氢可使皮蛋别具风味，少量的酮酸具有特殊的辛辣风味。除此之外，加工中食盐的咸味、茶叶的香味也构成皮蛋特有的风味。

（3）颜色的形成

皮蛋颜色的形成主要有三个因素。第一，蛋内的糖类与氨基酸发生美拉德反应，生成褐色或棕褐色物质，使蛋白胶体的颜色由浅变深。第二，蛋白质分解的硫化氢可与蛋内的金属盐生成黑色的硫化物。蛋黄中的黄色素被硫化氢还原后呈黑褐色，黄色素在氢氧化钠和硫化氢的作用下会变成绿色。第三，辅料中的茶叶也能产生一定的影响。

（4）松花的形成

成熟后的皮蛋在蛋白上会形成结晶花纹，即松花，它是由于蛋中的镁离子和氢氧根结合时，形成氢氧化镁晶体。当蛋内镁离子含量达到 0.009% 以上时，蛋白中就可出现松花。

2. 皮蛋加工的原辅料

（1）原料蛋

原料蛋的选择同咸蛋加工的要求一样，可按咸蛋加工的方法进行挑选、鉴别。

（2）纯碱（无水 Na_2CO_3）

纯碱是皮蛋加工中主要的辅料，其作用是与加入的熟石灰反应生成氢氧化钠，使蛋白质在碱性条件下变性凝固。在选择纯碱时，要求色白、粉细、无结块、含 96% 以上 Na_2CO_3。

（3）生石灰

生石灰加水后产生反应生成氢氧化钙，氢氧化钙再与纯碱反应生成氢氧化钠。加工皮蛋的生石灰要求色白、块大、体轻、无杂质，氧化钙含量 75% 以上，加水后能产生强烈气泡，并能迅速由大变小，直至成白色粉末。

（4）食盐

食盐能够促进蛋白质凝固、抑制蛋内微生物的活动、加快蛋的化清，还可以调味。加工皮蛋要求使用氯化钠含量在 96% 以上的食盐。

（5）茶叶

茶叶中的单宁与蛋白质作用使其凝固，茶叶中的色素、芳香油、生物碱等其他成分能使皮蛋口味清新，还能增加色泽。由于红茶中含有的上述成分较多，所以加工皮蛋常选用质纯、干燥、无霉变的红茶末作为辅料。

（6）氧化铅

氧化铅在加工中能调和配料，促进配料向蛋内渗透，加速蛋白质分解，加快蛋白凝固，促进成熟，除去碱味，抑制烂头。铅属于重金属，对身体有害。我国规定皮蛋中的铅含量不应超过 3mg/kg。可用硫酸锌、硫酸铜替代氧化铅。

（7）草木灰

配料时加入草木灰能起调匀其他配料的作用，同时有辅助蛋白质凝固的作用。加工皮蛋的草木灰要求纯净、均匀、新鲜、干燥、无异味，不得含泥沙及其他杂质。

（8）黄土

黄土黏性强，包蛋后能防止微生物侵入。加工皮蛋的黄土要求取自地下深层，不含杂质及有机质，无异味。

二、皮蛋加工的一般工艺

1.浸泡包泥法（溏心皮蛋加工）

即先用浸泡法生产溏心皮蛋，再用含有料液的黄泥包裹皮蛋，最后滚稻草壳、装缸、密封贮存。此法适用于加工优质皮蛋，也是我国加工皮蛋常用的方法。

原料蛋的选择→配料→验料→装缸与浸泡→浸泡期管理→出缸→品质检验→包泥（涂膜）→贮存

（1）原料蛋的选择

同咸蛋加工的要求一样，可按咸蛋加工的方法进行挑选、鉴别。

（2）配料

目前，国内各地生产溏心皮蛋的配料都有一定的差异。配料时，将称量好的纯碱、食盐、氧化铅、红茶末等倒入容器内，加入沸水，搅拌均匀，把茶末泡开；再加入草木灰，搅拌均匀；最后分次加入生石灰，搅拌配料，抽出配料中的石块，用等量的石灰补充。

配好的料液静置冷却。春秋季温度控制在 20℃～24℃，夏季 25℃～27℃。料液应放置在通风、干燥、卫生的环境中，不可再加入生水。

（3）验料

配好的料液碱浓度是否恰当，须经过检验后才可使用。验料的方法有简易测定法、比重计测定法、化学分析法三种。

①简易测定法：取料液少许，将蛋白滴入其中，15min 后观察蛋白凝固状况，若蛋白不凝固，说明料液中的氢氧化钠含量不足，碱浓度偏低，应补加适量的纯碱和生石灰，再经测试合格后才能使用；若蛋白凝固，继续观察，如果凝固蛋白在 0.5h 内化成稀水，说明碱浓度过高，应补加适量冷开水；如果凝固的蛋白 1h 左右化成稀水，说明碱浓度

合适，如果 1h 后蛋白仍不变为稀水，说明碱浓度偏低。

②比重计测定法：取适量的料液（占量筒体积的 4/5）倒入量筒内，再把比重计轻轻放入，待其稳定后读取数值。如果料液温度低于 15.5℃，每低 1℃则从读取的数值上加上 0.05°Bé；反之，若料液温度高于 15.5℃，每高 1℃则从读取的数值上减去 0.05°Bé。加工皮蛋合格的料液应为 13°Bé～15°Bé。

③化学分析法：用移液管移取适量的澄清料液，注入三角瓶中，加入一定的蒸馏水，再加入适量的氯化钡（使料液中的碳酸根离子以碳酸钡的形式沉淀），摇匀静置。再以酚酞作指示剂用 0.1mol/L 的盐酸标准溶液进行滴定，利用所消耗的盐酸的体积计算料液中氢氧化钠的浓度。一般要求料液中氢氧化钠的含量为 4.5%～5.5%。

（4）装缸与浸泡

将检验合格的蛋放入缸内，要求轻拿轻放，一层一层横放摆实，蛋壳破损的应及时取出，装蛋至离缸口 10cm～15cm，蛋面加竹篾、木棍压住，防止加料液后蛋上浮。然后将配好并冷却的料液缓缓倒入缸内，使料液浸没蛋面并超过蛋面 5cm 以上。用塑料薄膜密封缸口，贴上标签。

（5）浸泡期管理

加工皮蛋的场所最适宜的温度应控制在 15℃～20℃，春秋不得低于 15℃，夏季不得高于 30℃。

温度过低，浸泡时间延长，蛋黄不易变色；温度过高，皮蛋容易出现烂头蛋、响水蛋等次品。在浸泡过程中注意不要随意移动蛋缸，以免影响凝固；在浸泡期内要勤观察、勤检查，一般检查要进行三次。

①第一次检查：在鲜蛋入缸后 5d～10d（夏季 5d～6d、春秋 7d～8d、冬季 8d～10d）用照蛋法进行检验，此时蛋白应已基本凝固。检验时取三枚蛋，若三枚蛋中有一枚蛋黄紧贴蛋壳的一边，类似鲜蛋的黑贴壳，另两枚蛋黄向蛋壳发生偏移，类似鲜蛋的红贴壳，或三枚蛋均类似黑贴壳，说明料液中氢氧化钠浓度合适，蛋白凝固良好；若三枚蛋与鲜蛋类似，说明料液中氢氧化钠浓度过低，应及时补料；若三枚蛋内部大部分发黑，说明料液中氢氧化钠浓度过高，需用冷开水进行适当稀释或提前出缸。

②第二次检查：在鲜蛋入缸后 15d～20d 进行剥壳检查，此时蛋进入变色阶段。正常的蛋应蛋白完全凝固、表面光洁、色泽褐黄带青，手摸略黏。蛋黄部分凝固、色泽呈褐绿色。

③第三次检查：在鲜蛋入缸后 25d～30d，剥壳检查，蛋白不黏壳、完全凝固、坚实、表面光洁、呈墨绿色，蛋黄呈绿褐色，蛋黄中心呈淡黄色溏心。若发现蛋白烂头和黏壳，则料液碱性太强，需提前出缸；若蛋白较柔软，不坚实，则料液碱性过低，应延长

浸泡期。

（6）出缸

皮蛋成熟时间一般为30d～40d，夏季浸泡时间稍短，冬季可适当延长。灯光照射下蛋的大头端呈灰黑色，小头端呈红色或棕黄色，说明蛋已成熟。成熟的皮蛋应立即出缸。

出缸时将蛋从缸内轻轻取出，用冷开水洗净蛋表面的碱液和污物，再把蛋放入蛋架上，在阴凉通风的地方晾干。

（7）品质检验

晾干后的皮蛋必须及时进行质量检验，以感官检验和照蛋检验为主，即采用"一看、二掂、三摇、四照"的方法进行检验。

一看：看蛋壳是否完整，蛋壳颜色是否正常，剔除裂纹蛋和蛋壳表面黑点较多的蛋。

二掂：将蛋抛起，落回手中有轻微的弹颤感，并有沉甸甸的感觉为优质蛋；若弹性过大为大溏心蛋，过小则为小溏心蛋。

三摇：用拇指和中指捏住蛋的两端，在耳边摇动，几乎无水响声的为优质蛋，若一端有水响声为烂头蛋，若有明显的水响声为响水蛋。

四照：用照蛋法检查，若看到皮蛋大部分呈黑色或深褐色，少部分呈黄色或浅红色，且稳定不流动的，为优质蛋；若一端呈深红色，该部分有晃动的为烂头蛋；若内部呈黑色暗影，并有水泡阴影来回转动的，为响水蛋。

（8）包泥（涂膜）

经检验合格的皮蛋需进行包泥或涂膜，用以保护蛋壳，防止破损，延长皮蛋的保质期，促进皮蛋后熟。

包泥：取残料液（30%～40%）和干燥的黄土粉末（60%～70%），调成浓厚的糊糊状的泥料，在调制过程中不得添加生水。将蛋逐枚用50g左右的泥料包裹，裹泥厚度约为3mm，然后在稻草壳上来回滚动，使稻壳均匀地附在泥浆上。

涂膜：将食用石蜡加热至95℃～110℃，把皮蛋放入并迅速取出，冷却后皮蛋表面覆盖一层石蜡。

（9）贮存

将包好的蛋迅速装缸密封保存，或将包好的蛋放入塑料袋内密封并用纸箱包装，放入10℃～20℃的库房保存，经10d～30d后熟即为成品。

2. 包泥法（硬心皮蛋加工）

用调制好的料泥直接包裹在鲜蛋上，再经滚糠壳后装缸、密封、贮存。由于料中碱的渗透速度较慢，夏季加工蛋容易变质，一般只适于春秋两季加工。

原料蛋的选择→配料→验料→包泥→装缸、密封→成熟

（1）原料蛋的选择

同咸蛋加工的要求一样，可按咸蛋加工的方法进行挑选、鉴别。

（2）配料

各地制作硬心皮蛋的配料有所不同。大致方法为将红茶末放入锅内加水煮沸，再将生石灰分次加入茶水中，待生石灰全部溶解后加入纯碱和食盐。经充分搅拌后捞出残渣，并补充等量的生石灰，最后倒入草木灰，用力搅拌，使其混合均匀。

（3）验料

生产卜常用的方法是简易测定法：取成熟的料泥一块，置于平板或平盘中，用手指将其表面压平、抹光，然后将鲜蛋蛋白少许滴在料泥上，10min后观察蛋白的变化情况。若蛋白凝固，手摸有颗粒状或片状带黏性的凝固物，说明料泥中碱浓度正常；若蛋白轻微凝固，手摸有粉末状的凝固物，说明料泥中碱浓度偏低；若蛋白不凝固，手摸缺乏黏性，说明料泥中碱浓度偏高。对于碱浓度不合要求的料泥，必须进行调整，直至合格为止。

（4）包泥

两手戴橡胶手套，取一块料泥放入手掌中央，将蛋放在料泥上，用双手轻轻搓揉，使料泥均匀牢固地包裹住蛋，然后将蛋滚上一层糠壳。

（5）装缸、密封

将包好料泥的蛋逐个放入缸内，要求同溏心皮蛋加工。密封好缸口，用塑料膜将缸口扎紧，并将缸盖盖好，贴上标签，注明生产日期、数量、级别等内容。

（6）成熟

硬心皮蛋加工场所要求高大凉爽，防止曝晒，温度控制在15℃～25℃。应定期对蛋品进行检验，方法与溏心皮蛋加工基本相同。硬心皮蛋成熟时间长，一般需60d～80d。成熟后的皮蛋需要剥壳检查：蛋白凝固良好、有弹性、光洁、半透明，呈茶褐色，不黏壳，有松花；蛋黄呈暗绿色、橙色的硬心，层次分明。

第四节　蛋黄酱的生产工艺

一、原辅料的选择

生产蛋黄酱所用的原辅料种类很多，且不同配方所用的原辅料的种类也有较大的差异，且各种原辅料的特性、用量、质量及使用方法等对蛋黄酱的品质、性状等都有着较大影响。蛋黄酱生产所用原辅料一般包括鸡蛋、植物油、食醋、香料、食盐、糖等。

（一）蛋黄

蛋黄或全蛋就是一种天然乳化剂，因围绕蛋黄所产生的乳化作用而形成一种天然的完全乳状液——蛋黄酱。使蛋黄具有乳化剂特性的物质主要是卵磷脂和胆甾醇，卵磷脂属 O/W 型乳化剂，而胆甾醇则属于 W/O 型乳化剂。实验证明，当卵磷脂：胆甾醇＜8：1 时，形成的是 W/O 型乳化体系，或使 O/W 型乳化体系转变为 W/O 型。卵磷脂易被氧化，因此，蛋黄酱生产所用原料蛋的新鲜程度较低，则不易形成稳定的 O/W 型乳化体系。此外，蛋黄中的类脂物质成分对产品的稳定性、风味、颜色也起着关键作用。蛋白是一种很复杂的蛋白质体系，在蛋黄酱的制作中蛋白有利于同酸组分凝结进而产生胶状结构。

（二）植物油

蛋黄酱加工用植物油一般应选用无色或浅色的油，要求其颜色清淡，气味正常，稳定性好，浊度尽可能低于 -5℃，且硬脂含量不多于 0.125%。最常用的是精制豆油，最好是橄榄油。除此之外，还可以选用生菜油、玉米油、米糠油、菜籽油、红花籽油等。有些油品如棕榈油、花生油等因富含饱和脂肪酸结构的甘油酯，低温时易固化，导致乳状液的不连续性，故不宜用于制作蛋黄酱。

在外相一定的条件下，蛋黄酱的黏度（峰面积）随着油脂用量的增加而增大，而当油脂用量增大到一定程度后，蛋黄酱的黏度又会迅速减小。从乳化机理分析可知，在油脂（内相）用量较少时，水等外相物质相对过剩，且未被束缚住，从而使乳化液的黏度降低；随着油脂用量的增加，被束缚的外相逐渐减少，故乳化液的黏度增大；但当油脂用量超过一定限度后，外相物质特别是乳化剂又会相对不足，导致 O/W 型乳化体系不易形成，或形成的 O/W 型乳化体系稳定性极差，甚至会使乳化体系从 O/W 型变为 W/O 型。

目前所生产的蛋黄酱普遍配有蛋黄、植物油、食醋和芥末，当油脂用量在 90.7％时，产品的黏度（峰面积）最大。但考虑到随着油脂用量的增加，产品的破乳时间逐渐缩短，即所形成的乳化体系易被破坏，故蛋黄酱的油脂用量也不宜过高，一般认为油脂用量在 75％～80％较为适宜。

（三）食醋

食醋在蛋黄酱中起到双重作用，不仅作为保持剂以防止因微生物引起的腐败作用，而且也在其添加量适当时，作为风味剂来改善制品的风味。蛋黄酱生产中最常用的酸是食用醋酸，一般多用米醋、苹果醋、麦芽醋等酿造醋，其风味好，刺激性小。食用醋酸常含有乙醛、乙酸乙酯及其他微量成分，这些微量成分对食用醋酸及蛋黄酱的风味都有影响。为了提高和改善蛋黄酱的风味，在蛋黄酱配方中也可以使用柠檬酸、苹果酸、酸橙汁、柠檬汁等酸味剂代替部分食用醋酸，这些酸味剂能赋予蛋黄酱特殊的风味。

蛋黄酱制作要求所用的食醋无色，且其醋酸含量在 3.5％～4.5％为宜。此外，由于食醋中往往含有丰富的微量金属元素，而这些金属元素有助于氧化作用，对产品的贮藏不利，因此可考虑用苹果酸、柠檬酸等替代食醋，也可选用复合酸味剂。

在蛋黄酱的生产中，在蛋黄和植物油的用量一定的情况下，添加食醋会使产品的黏度及稳定性大幅度降低，这可能与食醋的主要成分是水有关，但考虑到醋酸具有防腐及改善风味的作用，在蛋黄酱生产中多用适量食醋（或用其他有机酸和含酸较多的物料，如果汁）。

（四）芥末

芥末是一种粉末乳化剂。一般认为蛋黄酱的乳化是依靠卵磷脂和胆甾醇的作用，而其稳定性则主要取决于芥末。当加入 1％～2％的白芥末粉时，即可维持体系稳定，且芥末粉越细，乳化稳定效率越高。在蛋黄、植物油和食醋用量一定的情况下，添加芥末粉可使产品的稳定性提高。同时，考虑芥末对产品风味的影响，一般用量控制在 0.6％～1.2％。

（五）其他

糖和盐不仅是调味品，还能在一定程度上起到防腐和稳定产品性质的作用，但配料中食盐用量偏高会使产品稳定性下降。此外，在配料中添加适当明胶、果胶、琼脂等稳定剂，可使产品稳定性提高。生产用水最好是软水，硬水对产品的稳定性不利。

随着蛋黄酱新品种的开发，新工艺的出现，对起乳化作用的物质和乳化剂的复杂协同作用必须关注。乳化剂保护膜具有弹性，直到还没破裂的程度都是可变形的，从而使水包油型的乳状液体系非常稳定。除用蛋黄作为乳化剂外，柠檬酸甘油单和二酸酯、乳酸甘油单和二酸酯和卵磷脂复配使用，也能使脂肪分布细微，并可改善蛋黄酱类产品的黏稠度和稳定性。若乳化剂用量过多或类型不对，都会影响产品的稠度和口感。为了使产品获得最佳的口感，变性淀粉、水溶性胶体、起乳化作用的物质和乳化剂的复杂协同作用特别重要。选用的乳化剂和增稠剂必须是耐酸的，乳化剂不可全部代替蛋黄，其用量为原料总量的 0.5% 左右。有些国家规定蛋黄酱不得使用鸡蛋以外的乳化稳定剂，若使用时，产品只能称作沙拉酱。

二、蛋黄酱生产配方

（一）一般沙拉性调料蛋黄酱生产配方

一般沙拉性调料蛋黄酱生产配方为蛋黄 10.0%，植物油 70.0%，芥末 1.5%，食盐 2.5%，食用白醋（含醋酸 6.0%）16.0%。该配方产品的特点是淡黄色，较稀，可流动，口感细腻、滑爽，有较明显的酸味。其理化性质为水分活度 0.879，pH 值 3.35。

（二）低脂肪、高黏度蛋黄酱生产配方

低脂肪、高黏度蛋黄酱生产配方为蛋黄 25.0%，植物油 55.0%，芥末 1.0%，食盐 2.0%，柠檬原汁 12.0%，α-交联淀粉 5.0%。该配方产品特点是黄色，稍黏稠，具有柠檬特有的清香，酸味柔和，口感细滑，适宜作糕点夹心等。其理化性质为水分活度 0.9，pH 值 4.7。

（三）高蛋白、高黏度蛋黄酱生产配方

高蛋白、高黏度蛋黄酱生产配方为蛋黄 16.0%，植物油 56.0%，脱脂乳粉 18.0%，柠檬原汁 10.0%。该配方产品特点是淡黄色，质地均匀，表面光滑，酸味柔和，口感滑爽，有乳制品特有的芳香，宜作糕点等表面涂布。其理化性质为水分活度 0.865，pH 值 5.5。

（四）其他几种常用配方

配方1：蛋黄9.2%，色拉油75.2%，食醋9.8%，食盐2.0%，糖2.4%，香辛料1.2%，味精0.2%。

配方说明：油以精制色拉油为好，且玉米油比豆油更为理想；食醋以发酵醋最为理想，若使用醋精应控制其用量，通常以醋酸含量进行折算。

配方2：蛋黄8.0%，食用油80.0%，食盐1.0%，白砂糖1.5%，香辛料2.0%，食醋3.0%，水4.5%。

配方3：蛋黄10.0%，食用油72.0%，食盐1.5%，辣椒粉0.5%，食醋12.0%，水4.0%。

配方4：蛋黄18.0%，食用油68.0%，食盐1.4%，辣椒粉0.9%，食醋9.4%，砂糖2.2%，白胡椒粉0.1%。

配方5：蛋黄500g，精制生菜油2500mL，食盐55g，芥末酱12g，白胡椒粉6g，白糖120g 醋精（30.0%）30mL，味精6g，维生素E3g～4g，凉开水300mL。

三、生产工艺

（一）工艺流程

下面列举两种蛋黄酱的加工工艺流程。

1. 工艺流程I

原料称量→消毒杀菌→搅拌（食盐）→搅拌（糖）→搅拌（调味料）→搅拌（交替加植物油和醋）→成品

2. 工艺流程II

蛋黄→加入调味料、部分醋→搅拌均匀→缓加色拉油→加入余醋→继续搅拌→成品

（二）操作要点

1. 蛋黄液的制备

将鲜鸡蛋先用清水洗涤干净，再用过氧乙酸及医用酒精消毒灭菌，然后用打蛋器打蛋，将分出的蛋黄投入搅拌锅内搅拌均匀。

2.蛋黄液杀菌

对获得的蛋黄液进行杀菌处理,目前主要采用加热杀菌。在杀菌时应注意蛋黄是一种热敏性物料,受热易变性凝固。实验表明,当搅拌均匀后的蛋黄液被加热至65℃以上时,其黏度逐渐上升,而当温度超过70℃时,则出现蛋白质变性凝固现象。为了能有效地杀灭致病菌,一般要求蛋黄液在60℃温度下保持3min~5min,然后冷却备用。

3.辅料处理

将食盐、糖等水溶性辅料溶于食醋中,再在60℃下保持3min~5min,然后过滤,冷却备用。将芥末等香辛料磨成细末,再进行微波杀菌。

4.搅拌、混合乳化

先将植物油以外的辅料投入蛋黄液中,搅拌均匀。然后在不断搅拌下,缓慢加入植物油,随着植物油的加入,混合液的黏度增大,这时应调整搅拌速度,使加入的油尽快分散。

在搅拌、混合乳化阶段,必须注意下面几个环节:

(1)搅拌速度要均匀,且沿着同一个方向搅拌。

(2)植物油添加速度不能太快,否则不能形成O/W型的蛋黄酱。

(3)搅拌不当可降低产品的稳定性。适当加强搅拌可提高产品的稳定性,但搅拌过度则会使产品的黏度大幅度下降。因为对一个确定的乳化体系,机械搅拌作用的强度越大,分散油相的程度越高,内相的分散度越大。而内相的分散度越大,油珠的半径越小,这时的分散相与分散介质的密度差也越小,体系的稳定性越高。但油珠半径越小,也意味着油珠的表面积越大,表面能很高,也是一种不稳定性因素。因此,当过度搅拌时,乳化体系的稳定性就被破坏,出现破乳现象。

(4)乳化温度应控制在15℃~20℃。乳化温度既不能太低,也不能太高。若操作温度过高,会使物料变得稀薄,不利于乳化;而当温度较低时,又会使产品出现品质降低现象。

(5)操作条件一般为缺氧或充氮。卵磷脂易被氧化,使O/W型乳化体系被破坏,因此,如果能够在缺氧或充氮条件下完成搅拌、混合乳化操作,能使产品有效贮藏期大为延长。

5.均质

蛋黄酱是一种多成分的复杂体系,为了使产品组织均匀一致,质地细腻,外观及滋味均匀,进一步增强乳化效果,用胶体磨进行均质处理是必不可少的。

6. 包装

蛋黄酱属于一种多脂食品，为了防止其在贮藏期间氧化变质，宜采用不透光材料，进行真空包装。

四、蛋黄酱加工的新技术

（一）PSO 蛋黄酱加工技术

湖北工业大学的陈茂彬研究了由植物甾醇与油酸直接酯化合成植物甾醇油酸酯（Phytosteryl Oleate，简称 PSO）加工蛋黄酱的技术。

植物甾醇主要含有谷甾醇、豆甾醇、菜油甾醇、菜籽甾醇等多种成分，具有抑制人体对胆固醇的吸收等作用。2000 年 9 月，美国食品与药物管理局通过了对植物甾醇的健康声明，含植物甾醇的人造奶油和色拉酱被列入功能性食品，在许多西方国家已被广泛用于人群慢性病预防。植物甾醇在水和油脂中的低溶解性限制了它的实际使用范围。植物甾醇的 C-3 位羟基是重要的活性基团，可与羟酸化合形成植物甾醇酯。作为一种新型功能性食品基料，植物甾醇酯具有比游离植物甾醇更好的脂溶性和更高效的降胆甾醇的效果，能以一定量添加于普通的高油脂食品中，成为喜食高脂食品人群的保健食品。

利用植物甾醇油酸酯加工蛋黄酱的工艺流程和操作要点如下：

1. 工艺流程

鸡蛋→去壳→分离→蛋黄→灭菌→搅拌混合（调味料）→混合搅拌（色拉油、食醋等）→灌瓶→成品

2. 操作要点

（1）植物甾醇油酸酯的加入量

植物甾醇油酸酯为黄色油状物质，可以直接添加到植物油中，用来制作蛋黄酱产品。根据植物甾醇酯的人体推荐摄入量 1.3g/人（人体每天摄入 1.3g 以上的植物甾醇酯即可达到降胆固醇的效果）确定的 PSO 添加量为 2.5%。加工中先将 PSO 溶解于大豆色拉油中，配制成 PSO 含量为 0.5% 的油液备用。

（2）天然维生素 E 的加入量

蛋黄酱大面积油暴露在水相中，而且含有不溶解的氧。另外，混合过程有可能引入气泡。像所有含有脂肪的食品一样，蛋黄酱很容易因为脂肪中不饱和脂肪酸和多不饱和脂肪酸的自动氧化而受到破坏。天然维生素 E 被公认为脂肪和含油食品首选的优良抗氧

化剂，维生素 E 本身的酚氧基结构能够猝灭并能与单线态氧发生反应，保护不饱和脂质免受单线态氧的损伤，还可以被超氧阴离子自由基和羟基自由基氧化，使不饱和油脂免受自由基进攻，从而抑制油脂的自动氧化。天然维生素 E 的添加量为 0.5%，采用与 PSO 相同的先溶解于大豆色拉油中的添加方式，配制成天然维生素 E 含量为 0.7%的植物油液，备用。

（3）植物油的选择及其用量

用于蛋黄酱生产的植物油必须是经过充分精制的色拉油。蛋黄酱的乳化体系中，油量的多少、油滴的大小及油滴的分散情况都会影响蛋黄酱的品质。如果蛋黄酱中植物油含量少，脂肪含量太少，稠度和黏度变小，会使乳化的油滴粒径加大，导致水相分离。适当增大油含量可以提高蛋黄酱的稳定性，但油含量过大时，由水溶性成分构成的外相所占的比例就很小，会使乳化液由 O/W 型转变成 W/O 型，导致蛋黄酱乳化体系不稳定，油水会很快分离。一般都是通过正交实验来确定植物油的最佳用量，若选用大豆色拉油，其最佳用量为 74%。

（4）食醋

在蛋黄酱生产的配方中，酸的用量要保证蛋黄酱外相（水相）中总酸量（以醋酸计）不低于 25%，起到防止蛋黄酱腐败变质的作用。由正交实验结果可知，食醋（含醋酸 4.5%）的用量为 9%左右。

（5）食盐、白糖、香辛料等辅料

除上述几种主要原料外，为使蛋黄酱风味多样化及增强风味，还需要添加其他调味料。经过实验对比，白砂糖用量为 1.5%，精盐用量为 15%，香辛料虽然加入量少，但对风味和特色影响很大，香辛料主要有芥末、白胡椒粉、姜粉、香兰素等，总用量为 1%左右。

（二）固体蛋黄酱的加工技术

普通蛋黄酱为高黏度的糊状物，有流动性，其包装及应用均受到一定的限制。为此，日本研究开发出了固体蛋黄酱，其硬度类似于奶酪，不需要特殊的包装材料，用纸包装即可，而且可以加工成粉末，撒到各种食品上食用，扩大了蛋黄酱的适用范围。固体蛋黄酱是以蛋黄酱、色拉油、酿造醋为主要原料，添加葡萄糖或果糖，以及香辛料即增稠剂而制成蛋黄酱主体。另将葛粉与明胶按 2:1 的比例混合，加水调成葛粉明胶液，其含量为 10%～20%。再将蛋黄主体与葛粉明胶液混合，搅拌后成固体蛋黄酱，将这种蛋黄酱通过粉碎制成粉末蛋黄酱。由于葛粉与明胶具有加热溶化的特性，因此将这种蛋黄酱加热到 60℃以上时，会使其变软。

固体蛋黄酱加工实例：

将蛋黄 20 份、色拉油 20 份、酿造醋 15 份、浓度为 8% 的葡萄糖溶液 4 份、香辛料 1.5 份、增稠剂 9 份混合，搅拌后成为蛋黄酱主体。另将葛粉 2 份和明胶 1 份混合，调成浓度为 15% 的葛粉明胶液。再将 1 份葛粉明胶液与 12 份蛋黄酱主体混合，搅拌后即成蛋黄酱成品。

五、影响蛋黄酱产品稳定性的因素

（一）蛋黄酱乳化液的稳定性

蛋黄酱是由鸡蛋、醋、植物油以及香辛料（尤其是芥末）混合而成的。目前典型的蛋黄酱一般都含有 70%～80% 的脂肪。虽然相对水分而言，蛋黄酱中脂肪的含量是高的，但它却是一种水包油（O/W）的乳化液。制作时首先把鸡蛋、醋和芥末混合，然后缓慢地混合到植物油中。这一过程导致了乳化液中含有大量互相接近的油滴。相反，如果把油相和水相迅速混合，结果产生的是油包水（W/O）的乳化液，它的黏度和制作时所用植物油的黏度相似。

对于乳化液，如果在连续相中包裹一个理想的球状油滴，作为分散相的油滴最多只能达到总体积的 74%，而在蛋黄酱中，油滴的体积可以达到或者超过总体积的 75%。这就意味着油滴由原来正常的球状发生了扭曲，同时油滴间彼此接触使它们相互作用，这些因素使蛋黄酱具有很高的黏度。国外学者于 1983 年发现，与那些用肌肉或者大豆蛋白作为乳化剂制成的乳化液相比，由蛋黄制成的蛋黄酱乳化液的流体弹性在经过预处理后会很快达到最大值。可以推测是由于毗连的油滴絮凝形成了网状结构，本质上来说就是形成了微弱的凝胶体。油滴之间的作用力依靠的是范德华吸引力，在达到一定程度的静电学和空间阻力的平衡后，范德华力便会达到平衡。乳化液的质量依赖于范德华吸引力的恰当平稳，如果吸引力太大，会导致牵引油滴而使水相挤出，促进油滴的结合；如果排斥力太大，会使油滴彼此之间很容易摆脱，这会导致产生黏度很低的乳化液，造成乳状物沉淀或上浮现象。

由于液态的蛋黄能保存的时间不是很长，生产上常用冷冻的或者干燥的代替。然而实验表明，蛋黄的乳化性质依赖于其结构，任何加工处理都会破坏它的结构进而降低其乳化性能。经过巴氏杀菌的蛋黄不会过度地破坏其乳化性能，但是冷冻和干燥等处理手段都会严重干扰它的乳化性能，用这种蛋黄制成的蛋黄酱含有大量的油滴，而且很容易彼此结合。

纯净的蛋黄在 $-6℃$ 冷冻后会产生凝胶，这一过程不可逆转。这会导致蛋黄和其他成分的混合困难，从而限制其使用。这一凝胶过程能通过机械处理，比如均质和胶体磨的处理来抑制，也可以通过添加蛋白酶和磷脂酶的方法来抑制，但是最常用并且最能接受的是通过加糖或盐来抑制蛋黄凝胶。冷冻过的加糖或盐的蛋黄是相对稳定的，但是过度冷冻会使蛋黄的质量和功能发生改变。

蛋黄酱的 pH 值对乳化液的结构有重要的影响，当蛋黄酱的 pH 值和所有蛋黄蛋白的平均等电点接近时，黏弹性以及稳定性是最高的，因为此时蛋白质的净电荷最少。当油滴表面的蛋白质具有较高的净电荷时，便会阻止其他蛋白质的吸附，导致油滴彼此排斥，从而起到了防止絮凝的作用，这些因素导致蛋黄酱具有较低的黏弹性以及稳定性。

盐的添加也可以促进蛋黄酱的稳定，主要有三个原因：①盐可以驱散蛋黄颗粒，从而得到更多可以利用的表面活性物质。②加盐可以中和蛋白质表面的净电荷，使它们能吸附到油滴表面的保护层，并且进一步加强其保护作用。③中和蛋白表面的净电荷后，可以使毗连的油滴之间的作用力更强。

影响蛋黄酱乳状液稳定的因素主要有蛋黄酱加工中各原料的配合量、加工程序、混合方式、操作温度、产品黏度及贮藏条件等。提高蛋黄酱乳化液的稳定性的措施主要有以下几个方面：

（1）加 1%～2% 的白色芥末粉可维持产品的稳定性能。

（2）用新鲜鸡蛋乳化效果最好，因新鲜蛋黄卵磷脂分解程度低。

（3）最佳的乳化操作温度是 15℃～20℃。

（4）添加少量的胶（明胶、果胶、琼脂等）可以增加产品的稳定性。

（5）保证盐、醋的合适添加用量。若盐、醋用量偏高，产品稳定性降低。

（6）为了防止微生物污染繁殖，一些原料如鸡蛋、醋等可预先经60℃，30min 杀菌，冷却后备用，乳化好的产品可在 45℃～55℃下，加热杀菌 8h～24h，也可加入乳酸菌在常温下放 20d，抑制有害菌。装瓶后的产品在贮藏期应防止高温和震动，以延长保质期。

（7）有的蛋黄酱在低温下长期存放后会发生分离现象，这是因为在低温下油形成固体结晶，是产品乳化性受破坏所致，所以用于蛋黄酱的蛋黄要取出固体脂和蜡质，使其在低温下不凝固。

（二）脂类物质的氧化

像所有含有脂肪的食品一样，蛋黄酱很容易因为脂肪中不饱和脂肪酸和多不饱和脂肪酸发生自动氧化而受到破坏。自动氧化过程包括三个阶段：初始、延伸和终止。初始阶段是一些外来的能量（例如光）在一些催化剂（例如重金属离子）的存在下作用于不饱和脂肪酸而产生自由基。延伸阶段自由基和单线态氧作用形成过氧化物，这些过氧化物可以催化形成更多的自由基而使脂肪酸分解成醛、酮和醇。一旦这些物质达到一定的浓度，它们便可以形成稳定的化合物而使产品具有典型的恶臭味。最后一个阶段是终止，天然的蛋黄酱往往有大面积的油暴露在水相中，而且含有不溶解的氧，另外混合过程有可能引入气泡，嵌套于乳化液中。尽管存在这些潜在问题，但是令人惊讶的是很少有关于自动氧化对蛋黄酱的破坏的研究报道。

光的波长和脂类的氧化也有很大的关系。波长短的光更能促进脂类和脂类乳化液的氧化。Lennersten 等人（2000 年）测定了不同波长的光（尤其是在紫外线范围的光）对蛋黄酱的氧化作用，他们发现 365nm 波长的光很容易促进不饱和脂肪的氧化，即使脂肪本身在这一范围内对光并不吸收，而可见光在蓝色光范围内可以促进脂肪氧化并且使蛋黄酱变色，但是波长在 470nm 以上的光没有这种作用。他们推测光导致的脂肪氧化是由光敏感物质比如类胡萝卜素促发的。另外，研究发现用聚萘二甲酸乙二醇酯（Polyethylene Naphthalte，简称 PEN）纤维制成包装材料，虽然可以阻挡紫外线，但是蛋黄酱的氧化依旧会由于蓝色光而发生。

盐是蛋黄酱的重要成分，也是风味的重要组成部分，盐可以促进蛋黄酱乳化液的稳定，而且会影响自动氧化的速度。Lahtinen 等人（1990 年）研究了 2 种不同浓度（0.85%、1.45%）的 3 种盐对蛋黄酱（不添加防腐剂）氧化的效果。

蛋黄酱在室温下保存 60d 后，氯化钠和矿物盐在不含抗氧化剂的情况下可以促进脂类的氧化，而 Morton Lite 盐则不能。这种效果很大一部分会由于存在抗氧化剂而被抑制。在实际操作中，盐可能会促进氧化的形成，因为它们很容易被克服，而更为重要的是盐对乳化液稳定性和蛋黄酱的整体风味都有贡献。Jacobson 等人（2000 年）发现，将异抗坏血酸、卵磷脂、生育酚 3 种抗氧化剂混合，能有效阻止蛋黄酱中奶油的氧化，他们认为这是由于抗坏血酸盐能和蛋白中的铁反应，使它能催化形成自由基。

蛋黄酱的氧化稳定性同时也依赖于制作中所用油的种类。Hsieh 等人（1992 年）制作的蛋黄酱含有 70% 的鱼油谷物油或者大豆油。Hsieh 等人认为大豆油和谷物油分别含有高含量的亚油酸（18∶2）和亚麻酸（18∶3），而鱼油含有 EPA（20∶5）和 DHA（22∶6），正如预期的一样，用鱼油制作的蛋黄酱氧化迅速，谷物油其次，大豆油最慢，也可能由于豆油中天然抗氧化剂的含量比较高，尤其是生育酚。

（三）蛋黄酱风味的稳定性

蛋黄酱是一种由植物油、醋、蛋黄、糖和香料（主要是芥末）构成的混合物。这些成分构成了蛋黄酱的整体风味。其中糖和醋的成分相对稳定，因此其他成分的分解（比如植物油）、蛋黄中的蛋白质以及源于香料中的风味物质对综合风味的形成有重要的意义。

芥末的风味来源于一类含硫的挥发性物质——异硫氰酸酯，尤其是异硫氰酸丙烯酯。它们可以任意比例溶解于有机溶剂中，但是微溶于水。在乳化液（如蛋黄酱）中，风味物质按照它们在水相和油相中的相对溶解度而分散开来。

一般认为蛋黄酱的初始风味来自存在于水相中的风味物质，蛋黄酱入口后，在口中缓慢升温，当被唾液分解到一定程度后，油溶性的风味物质从油滴中驱散开来，并和味觉受体结合。因此，对低极性风味化合物的感觉会随着蛋黄酱中脂肪的减少（水相更多）而获得。这和 HiTech Food 研究的含有绿芥粉的蛋黄酱的结果一致，结果发现含有 30%脂肪的蛋黄酱比含有 85%脂肪的蛋黄酱绿芥风味更浓，尽管它们的异硫氰酸酯的含量是一致的。

在水溶液中，异硫氰酸丙烯酯会在加入柠檬酸盐和色拉油后保持稳定，这意味着它在蛋黄酱里是稳定的。Min 等人（1982 年）用气相色谱来测定新鲜和存储过的蛋黄酱里风味物质的含量，尤其是油滴部分中的异硫氰酸丙烯酯，结果发现，异硫氰酸丙烯酯的含量在存储 6 个月后变化不大，醋酸和醋酸酯（来源于醋）的水平也没有大的变化。油脂的氧化是产生蛋黄酱异味的主要原因，但因蛋黄酱是一种复杂的产品，抗氧化剂的选择并不简单。

家庭自制以及早期商业化的蛋黄酱中，最有可能导致乳化液破坏的是油滴的上浮和絮凝。因此，只有对蛋黄酱乳化液形成过程中的这些物理和化学变化有充分的了解，才能制作出保存时间更长的蛋黄酱，可使保存期从原来的几个星期延长到几个月，但是随着蛋黄酱乳化液稳定性的增加，缓慢的化学变化就会进行，尤其是自动氧化，结果可能导致蛋黄酱因为自动氧化而受到破坏。

如今，一种添加了起稳定作用的变性淀粉的蛋黄酱会在乳化液稳定结构破坏之前由于脂肪的自动氧化而酸败。如果保存的时间并不是很长（在室温下不超过 6 个月），保持蛋黄酱风味的稳定并不是一个大问题。

目前大量不同的新的风味已经添加到蛋黄酱中，比如一些中草药、大蒜、西红柿和酸性奶油。最近的趋势是生产脂肪含量低的蛋黄酱以及使用不同种类的植物油。为了适应顾客新的需求，新的蛋黄酱配方已经出现。

第七章　水产食品加工技术

第一节　水产食品加工基本知识

水产食品是以生活在海洋和内陆水域中有经济价值的水产动植物为原料，经过各种方法加工制成的食品。水产动物原料以鱼类为主，其次是虾蟹类、头足类、贝类；水产植物原料以藻类为主。

一、水产食品原料

我国水产品种类繁多。按加工特性，水产原料可分为鱼类、贝类、甲壳类、头足类、藻类和其他类。

我国常见的海水鱼有带鱼、大黄鱼、小黄鱼、海鳗、鲐鱼、金枪鱼、沙丁鱼、鲳鱼等；淡水鱼有"四大家鱼"（青鱼、草鱼、鲢鱼、鳙鱼），鲤鱼，鳊鱼，团头鲂（武昌鱼）等。

贝类有牡蛎、贻贝、扇贝、田螺等。甲壳类有对虾、河虾、鳌虾、梭子蟹等虾蟹类。头足类有乌贼类（如墨鱼）、柔鱼类（如航鱼）等。藻类有海带、紫菜、螺旋藻、裙带菜等。其他类有海蜇、海葵、珊瑚等。

1. 鱼类

①带鱼：又称刀鱼、牙鱼、白带鱼，为多脂鱼类，肉味鲜美，经济价值很高，是我国主要海产经济鱼类之一。除鲜销外，可加工成罐制品、鱼糜制品、腌制品和冷冻小包装。

②大黄鱼：又称大黄花、大鲜，是我国主要海产经济鱼类之一。大黄鱼肉质鲜嫩，可鲜销或加工成黄鱼鲞，目前绝大部分为鲜销，被视为上等佳肴。大黄鱼的鱼鳔，能干制成名贵食品鱼肚。

③小黄鱼：又称黄花鱼、小鲜。小黄鱼的外形与大黄鱼很像，它们的主要区别是小黄鱼的鳞较大黄鱼大，而尾柄较短，此外，小黄鱼的鱼体较小。小黄鱼肉味鲜美，可供

鲜食或腌制，但由于个体较小，其利用价值不及大黄鱼。

④海鳗：又名狼牙鳝、门鳝。海鳗肉厚质细，滋味鲜美，营养丰富，是经济价值很高的海产鱼类。除鲜销之外，其干制品也是美味佳品。海鳗还可加工成罐头，以及作为鱼丸、鱼香肠的原料。用鳗鱼制作的鱼糜制品不但色白味美且富有弹性。海鳗的肝脏可作生产鱼肝油的原料。

⑤鲐鱼：又称日本鲐，是我国重要的经济鱼类之一。鲐鱼产量较高，鱼肉结实，肉味可口，除鲜食外，是水产加工的主要对象之一，加工产品有腌制品、罐制品等。

⑥大眼金枪鱼：是金枪鱼类的一种，为暖水大洋性中上层鱼类，是远洋延绳钓渔业的主要渔获物。金枪鱼类肉味鲜美，素有"海中鸡肉"之称，冷冻品大多用于制罐。用金枪鱼肉制作的生鱼片在日本被视为上等佳肴。

⑦青鱼：又称乌青、螺蛳青，是中国主要淡水养殖鱼类之一。青鱼肉厚刺少，富含脂肪，味鲜美，除鲜食外，也可加工成糟醉品、熏制品和罐头。

⑧草鱼：又称鲩、草鲩、草青、棍鱼，是中国主要淡水养殖鱼类之一。草鱼的加工食用与青鱼相似，唯口味稍逊。

⑨鲢鱼：又名白鲢、白鱼，是中国主要养殖鱼类之一。鲢鱼以鲜食为主，可加工成罐头、熏制品或咸干品，也可加工成冷冻鱼糜，成为生产各种鱼糜制品的中间原料。

⑩鳙：又名花鲢、胖头鱼、大头鱼，是我国主要的淡水经济鱼类之一，与青鱼、草鱼、鲢鱼一起合称为我国"四大家鱼"。鳙鱼以鲜食为主，特别是鱼头，大而肥美，可烹调成美味佳肴，也可加工成罐头、熏制品或咸干品。

2. 虾类

①对虾：对虾属种类多、分布广。其中，中国对虾产量最多，是主要捕捞对象之一，最高年产量达 4 万吨，是我国出口创汇的名贵水产品。

②沼虾：学名日本沼虾，俗称青虾，是温、热带淡水中重要的经济虾类。沼虾肉味美，烹熟后周身变红，色泽好，并且营养丰富。抱卵的青虾在渔业上称为带子虾，其味特别鲜美，颇受消费者青睐。虾卵可用明矾水脱下，晒干后销售，或用于虾子酱油、虾子鲞鱼等的加工。虾体晒干去壳后称为虾米，亦称湖米，以区别于海产的虾米。

③淡水小龙虾：学名淡水克氏原螯虾，又称克氏螯虾，俗称小龙虾、大头虾、螯虾。淡水小龙虾味道鲜美，烹熟后周身变红，色泽好，营养丰富（含蛋白质 16%～20%）。从其甲壳中提取的虾青素、几丁质及其衍生物被广泛应用于食品、医药、饲料和环保等方面。近年来，克氏螯虾不仅在国内成为畅销水产品，而且其虾仁、虾黄及整条虾出口也迅速增加。

3. 蟹类

①梭子蟹：中国沿海梭子蟹约有 18 种，其中三疣梭子蟹是经济价值较高、个体最大的一种。梭子蟹除活蟹直接供内、外销外，还可加工成冻蟹肉块、冻蟹肉等冷冻小包装产品，也可加工成烤蟹、炝蟹、蟹肉干、蟹酱、梭子蟹糜、蟹肉罐头等食品。蟹壳经加工后可广泛应用于医药、化工、纺织、环保等行业。

②中华绒螯蟹：俗称河蟹、螃蟹、毛蟹、清水蟹。中华绒螯蟹的肉质鲜美，尤以生殖洄游季节肝脏和生殖腺最肥。中华绒螯蟹是我国重要的出口创汇水产品。

4. 头足类

①乌贼类：也称墨鱼。乌贼类体大肉肥厚，营养丰富。乌贼可鲜食，也可干制、熏制和制罐。金乌贼制成的淡干品称为墨鱼干或北鲞；由曼氏无针乌贼制成的淡干品，俗称螟蜅鲞或南鲞，均为有名的海味。雌乌贼缠卵腺的腌制品，俗称乌鱼蛋，为海味中的珍品。

②柔鱼类：柔鱼类是柔鱼科的总称。已开发利用的主要有柔鱼，又称巴氏柔鱼、赤鱿、太平洋褶柔鱼、茎柔鱼等。柔鱼除鲜食外，因其肉质较硬，经过干制、熏制或冷冻发酵加工，其产品风味甚佳，如香辣鱿鱼丝、鱿鱼干、冷冻鱿鱼卷、油炸鱿鱼卷等，既有风味独特的休闲食品，也可加工成美味佳肴。副产品的利用上，有用眼球提炼维生素 B_1，用肝脏提炼鱼肝油，用其他内脏制作酱油等。

5. 贝类

①牡蛎：俗称蚝、海蛎子，其软体部分蛋白质含量高，被称为"海中牛奶"，牡蛎肉除生食、烹食外，也可制成干品蚝豉或罐头食品。加工牡蛎的汤可提炼制成蚝油。

②贻贝：贻贝是贻贝属贝类的总称，俗称淡菜或海红。贻贝软体富含蛋白质等营养成分，肉味鲜美，是珍贵的海产食品。除鲜食外，也可加工成干制品，称为淡菜。

③中国圆田螺：又称螺蛳。田螺肉除有利尿通便、消暑解渴及治黄疸等功用外，还可加工成冷冻品出口。田螺还是青鱼、鲤鱼的天然优质饵料，亦可作为禽畜的饲料。

6. 藻类

①海带：海带是海带属海藻的总称。海带是一种特殊蔬菜，它除了含有一般蔬菜的营养成分外，还是一种含碘量比较高的食品，可有效地防止甲状腺肿大。海带不仅可食用或加工成干制品，还可制成海带酱油、海带味粉、海带酱、调味海带丝等系列食品。

②紫菜：紫菜是紫菜属藻类的总称。紫菜因其营养价值和药用疗效在藻类中具有独特的地位，被称为健康食品，可加工成干紫菜、调味紫菜、紫菜酱等产品。老成的叶状

体含琼胶量多，可用作提取琼胶的原料。

二、水产食品原料的特性

1. 多样性

水产原料的多样性体现在：一是我国水产资源丰富，水产原料的种类很多，有节足动物、软体动物、棘皮动物、水生植物等；二是品种复杂，不同的生长条件，可食部分的组成、成分差异明显，即使是同一种类的鱼，由于体形大小、年龄、成熟期、渔获期、渔场等不同，其组成也不同。

2. 易腐性

水产动物较陆地动物易于腐败变质。一是水分含量多，肌基质蛋白少，肉质脆弱和柔软，酶的活性强；二是由于渔业生产季节性强，特别是渔汛期，渔货高度集中，来不及马上进行加工处理就进入运输和销售，细菌易繁殖；三是由于捕捞工具（网、钩等）对鱼体的损伤，细菌易从受伤部位侵入；四是捕捞时由于挣扎，僵硬时间缩短，自溶作用进程加快，鱼肉蛋白质分解而生成大量低分子代谢物和游离氨基酸，成为细菌的培养物；五是鱼体表面覆盖的黏液含有大量蛋白质，是细菌良好的培养基。因此，捕获后的水产原料只有及时采取有效的处理和保鲜措施，才能避免腐败变质的发生。

3. 季节性

无论是人工养殖的还是天然提供的（主要是海水产品）水产原料，其产量都会受到季节、渔场、气候、环境生态或海况等诸多因素的影响；人工养殖的淡水产品通常在春季放养，秋、冬季捕捞；而天然提供的海水产品自 1999 年起因受伏季休渔制度的影响，夏天基本处于捕捞淡季，因而水产品原料供应呈现夏季淡，秋、冬季旺的季节性特点。

4. 地区性

我国地域辽阔，水产资源丰富。沿海一带以海水产品为主，内陆地区主要是淡水产品。海水产品因地域不同，有暖温性和暖水性之分；淡水产品因生活习性和品种区别，也有冷水性、冷温性和暖水性之分。

5. 成分的多变性

脂肪含量直接影响水产品的口感、风味和营养价值。以鱼类为例：中上层鱼类的含脂量大多高于底层鱼类的含脂量，前者称为多脂鱼类，后者称为少脂鱼类，而含脂多的鱼肉总是给人以细腻、肥腴的感觉。但无论鱼肉的成分如何变化，一年中总有一个味道鲜美的最佳时期，这个时期的鱼类营养价值也最高。

第二节　水产罐头食品

水产罐头食品一般分为清蒸类、茄汁类、调味类和油浸（熏制）类四大类型。

清蒸类罐头也称原汁罐头，其特点是以保持原料特有的风味色泽为主。主要产品有原汁鲜鱼、盐水金枪鱼、清蒸墨鱼、清蒸对虾、清蒸蟹肉、原汁鲍鱼、原汁文蛤等。

茄汁类罐头是以鱼类等水产品为原料，处理后经盐渍脱水生装再加注茄汁，或生装经蒸煮脱水后加注茄汁，或经预煮脱水后装罐加茄汁，或经油炸后装罐加茄汁，然后经排气、密封、杀菌等过程而制成的一类罐头。

调味类罐头是以鱼类等水产品为原料，在生鲜状态或经蒸煮脱水后装罐，加调味液后密封杀菌而制成的一类水产罐头。其特点是注重调味液的配方及烹饪技术，使产品各具独特风味。调味罐头有红烧、五香、烟熏、葱烤、鲜炸、糖醋、豆豉等多种品种。

油浸类罐头是以鱼类等水产品为原料，采用油浸调味方法制成的一类罐头食品。有鱼块生装后直接加注精制植物油的，有生装经蒸煮脱水后加注精制植物油的，有先预煮再装罐后加注精制植物油的，也有经油炸装罐后加注精制植物油的，与茄汁罐头的加注茄汁情况类似。

一、水产罐头加工的一般工艺

原料→验收→前处理→装罐→排气密封→杀菌冷却→揩罐→保温检查→包装

1. 前处理

加热杀菌是罐头食品生产中的主要加工过程，其他预备性操作都可作为前处理。常用的前处理一般包括以下工序：

（1）原料解冻

①空气解冻：又称自然解冻。解冻的速度取决于空气的流速、温度和冻品与空气之间的温差等诸多因素。此法一般用于小型鱼类的解冻。

②水解冻：是用水作为传热介质进行冻品解冻的方法。水解冻一般分为低温流水解

冻、淋水解冻、静水式解冻、低温盐水解冻、碎冰解冻及减压水蒸气解冻等。其中以低温流水解冻和淋水解冻最常见。

低温流水解冻是将鱼等冻品直接浸泡在水中，水温一般控制在5℃~12℃。淋水解冻是利用喷嘴将水滴喷洒在鱼体上，使鱼体温度上升的解冻方法，水温一般控制在18℃~20℃。前者用水量大，解冻速度快，后者用水量较少，但解冻速度较慢。

（2）原料的清洗

①原料处理前的清洗：主要是洗净附着在原料外表面的泥沙、黏液、杂质等污物。清洗的方法视原料的种类而异，一般鱼类和软体类用机械或手工清洗或洗刷；贝类及虾蟹类应刷洗和淘洗；蛏、螺等洗涤后还需用1.5%~2.0%的盐水浸泡1h~3h，使其充分吐净泥沙。

②原料处理后的清洗：主要是洗净腹腔内的血污、黑膜、黏液等污物，用小刷顺刺刷洗，同时刮净脊椎淤血。螺及鲍去壳后的肉用适量盐搓洗，再用水冲去黏液和砂等污物。

③盐渍后的清洗：一是为了洗去表面血污，二是适当脱去部分盐分以利于调味。

（3）原料的处理

①鱼类原料的处理：沿鳃骨切去头，刮净全部鳞，切除背鳍、胸鳍，然后剖腹挖除内脏（小型鱼可由头部摘除内脏，鱼子要完整地保留在腹内）。

②虾蟹贝的处理：有些水产原料，像蚝、虾、鲍鱼等一般是先去壳取肉，而蛏、蛤、贻贝、螺、蟹等则需煮熟后取肉。在进行此操作时要注意，贝类原料在取肉前要彻底清洗壳外的泥沙，去壳后，壳、肉要严格分开，严防污染；加工速度要快，并需冰水降温，防止变质。

③原料的盐渍：原料的盐渍具有调味、脱水及增进最终产品风味的作用。较常用的方法有盐水渍法和干盐法。

盐水渍法：盐水浓度在5.0%~15.0%（和鱼的种类及产品种类有关），盐水的量以完全浸没原料为宜，时间一般为10min~20min，成品含盐量控制在2.0%~2.5%。

干盐法：将食盐或混合盐撒布或涂擦在水产品的表面，用盐量一般是原料量的8.0%左右，时间10min~15min。

（4）预热

为防止商品价值下降，在罐头生产过程中往往要进行预热，使其蛋白质发生热凝固，使质构较紧密，利于装罐，同时也有利于调味液充分渗透到鱼肉内部。预热的方法通常有预煮、油炸、烟熏等。

①预煮：预煮分为蒸汽蒸煮和水煮两种。蒸煮一般温度约100℃，20min~40mim，

脱水率约 15.0%～25.0%。此种预热方法在水产的清蒸类罐头、原料含水率较高的油浸类和茄汁类罐头中使用较多。

②油炸：油炸在鱼罐头生产中较为普遍。将分档后沥干的鱼块投入锅中进行油炸，每次投入量为锅内油量的 1/15～1/10，炸至鱼肉有些坚实感、呈金黄色或黄褐色时，即可捞起来沥油。对于小型鱼类，如凤尾鱼、银鱼等，油炸油温一般控制在 180℃～200℃；原料块形较大时，可增至 200℃～220℃。油炸时间一般为 2min～5min，得率一般为 55.0%～70.0%。

③烟熏：在国际市场上，沙丁鱼类等中上层鱼的烟熏罐头较多。我国常用鳗鱼、鲍鱼、带鱼生产油浸烟熏鱼罐头，其色泽风味独特，颇受国内外消费者欢迎。在盐渍的盐水中加入烟熏风味剂代替烟熏然后装罐预煮，可得到风味良好的制品。

2.装罐

一般包括称量、装罐和注液三部分。

装罐要求：固形物不得低于标准，并可稍稍超出；内容物要适当搭配，保证产品的质量品质基本一致；经过预热脱水的原料要趁热及时装罐，并防止夹杂物混入；硬质罐头在注液后要留 6mm～8mm 的顶隙。较大的块状物料通常采用人工装罐，而液态或小颗粒（如螺肉）物料可采用机械装罐。注液要求汁液温度不低于 80℃。

3.排气密封

（1）排气

食品装罐后、密封前应尽量将罐内顶部空隙、食品原料组织细胞内的气体排除，这一排除气体的操作过程叫排气。

①排气的主要作用：防止需氧菌和霉菌的生长繁殖；有利于食品色、香、味的保存；减少维生素和其他营养素的损失；防止或减轻罐头在贮藏过程中罐内壁的腐蚀；有助于"打检"，检查识别罐头质量的好坏；防止或减轻罐头在高温杀菌时发生容器的变形和损坏。

②排气方法：我国普遍采用的是热力排气和真空密封排气。

热力排气：大型食品企业采用较多。分为热装罐排气和排气箱加热排气两种。热装罐排气就是先将食品加热到一定温度并立即趁热装罐密封的方法。这种方法适用于带汤汁并且内容物组织结构较紧密的食品，一般要求食品的温度在 20℃以上，汤汁温度在 80℃以上。排气箱加热排气就是将装罐后的食品送入专用排气箱内，然后用蒸汽或热水加热。一般排气温度为 90℃～100℃，时间为 5min～20min，中心温度达到 80℃左右。

真空密封排气：是一种将罐头置于真空封罐机的真空仓内，在排除罐内空气的同时进行密封的排气方法。罐头成品的真空度取决于真空封口时真空仓的真空度和食品本身的温度。这种排气方法目前被广泛采用,尤其是中小型罐头厂。

（2）密封

密封主要是为了罐内食品与外界完全隔绝,避免外界空气和微生物与罐内食品接触,防止二次污染。密封形式与罐头容器的材料和结构有关,金属罐通常采用二重卷边密封,玻璃罐根据罐口的不同分为卷封式密封、旋转式密封和揿压式密封。卷封式密封与金属罐密封类似;旋转式密封根据玻璃瓶上螺纹的区别,又分三螺、四螺和六螺,密封可以采用手工或由专门的玻璃瓶拧盖机完成;揿压式密封是靠预先嵌在罐盖边缘上的密封胶圈,由揿压机紧压在瓶口凸缘线的下缘来完成,主要特点是开启方便。蒸煮袋的密封有高频密封、热压密封和脉冲密封等方法,使用最广泛的是热压密封法。

4. 杀菌冷却

（1）杀菌

水产类罐头杀菌强度要求较高,一般罐中心温度要达到115℃以上,杀菌时间与罐头容器的材料、罐型、内容物大小和种类、原料的新鲜程度和前处理等因素有关。玻璃罐以反压水杀菌为主,金属罐根据内容物不同可采用反压水杀菌或高压蒸汽杀菌,蒸煮袋以高压蒸汽杀菌为主。

（2）冷却

罐头杀菌后应及时冷却,否则会因长时间的热作用而造成制品的色泽、风味、质地和形态等方面的变化,使食品的品质下降,还会加速罐内壁的腐蚀,同时还会使海产品罐头产生结晶。为了防止在冷却时罐头制成品破裂(主要是玻璃罐和蒸煮袋)、变形(指金属罐)等现象,在冷却过程中要注意冷却的方式方法。目前通用的是采用加压水冷式冷却,玻璃罐为防止炸裂还要结合分段冷却,即逐步降温冷却,在冷却到38℃～40℃后即可卸压出釜。

5. 水产软罐头

（1）软罐头的特点

软罐头可采用高温杀菌,杀菌时间短,内容物营养成分受到的破坏少;可在常温下储藏和流通,产品质量稳定;节约能源,降低成本;携带方便,开启简单,包装美观安全;包装容器容积有限,装填速度慢,生产效率相对较低,适用性受限。

（2）软罐头生产的一般工艺

软罐头的生产工艺流程为:

原料选择 → 原料处理 → 装罐 → 排气 → 密封 → 杀菌 → 冷却 → 表面处理 → 保温 →

检查→贴标→装箱

软罐头生产过程与金属罐头和玻璃罐头等硬罐头的加工过程基本一致，但也有区别。加工过程与前述硬罐头的最大区别主要有以下几个方面：

①装填

水产软罐头装袋操作的要点：一是厚度一般不超过 15mm，二是装袋量要与蒸煮袋容量相适宜；三是不要装带棱角或带硬骨的内容物，以防刺透蒸煮袋；四是装填时应保持袋内有一定的真空度，最好的方法是将处理好的原料趁热装袋；五是防止袋口污染，装填完将袋口用干的清洁抹布揩干并尽快排气密封。软罐头的排气通常只用抽真空排气方法。

②热熔封口

软罐头密封目前广泛采用电热加热密封法和脉冲封口法。为防止封口部分产生皱褶导致密封不严，一是要求袋口平整，两面没有长短差别；二是封口机压模两面要平整并保持平行；三是内容物块形不能太大，装袋量不能太多，装袋后的总厚度不能超过限位要求。

（3）杀菌

软罐头加热杀菌装置有间歇式和连续式，加热介质常用的有饱和水蒸气和热水。由于高温热水式杀菌的 F_0 值比水蒸气式杀菌的 F_0 值平稳，故软罐头杀菌最常见的是高温热水杀菌。

软罐头的杀菌必须采用反压，不是特别要求的情况下，通常采用的是定压反压力控制杀菌，即在杀菌升温阶段就开始通入压缩空气，使杀菌锅内压比杀菌温度所对应的饱和蒸汽压高 0.03MPa～0.1MPa，此差压一直保持到冷却阶段结束。

二、水产罐头常见质量问题

1.腐败变质

（1）杀菌前腐败

①后果：导致气体堆积，产生恶臭和微生物细胞增多，可能引起食物中毒。

②主要产生原因：微生物产生耐热性毒素的病原菌。

③预防控制措施：加强加工前原料的检验，强化加工过程中的卫生管理（质量控制），包装前的加工过程避免原料温度过高。

（2）杀菌不足

①主要产生原因：杀菌公式设计错误或操作不当，罐头密封到杀菌的过程超过1h。

②预防控制措施：加强杀菌操作工的培训，强化杀菌过程的监控和记录。

（3）杀菌后腐败

①主要产生原因：罐头泄漏发生的微生物污染。

②预防控制措施：对成品及设备的运行要经常检查，确保罐头的完整；冷却水要经氯化处理；尽量减少生产、运输和销售等环节对罐头的损伤。

2. 硫化物污染

①现象：罐头黑变。

②主要产生原因：含硫蛋白较高的虾、蟹、贝及清蒸鱼类罐头，在加热和高温杀菌过程中会产生挥发性硫甚至与铁反应生成硫化铁。

③预防控制措施：生产过程中严禁物料与铁、铜等器具接触，生产用水及配料中严格控制铁、铜等金属离子的含量，采用抗硫涂料铁罐，生产过程中涂料被划伤的地方要及时补涂，最大限度缩短工艺流程，生产过程中使物料的pH值维持在6左右。

3. 血蛋白凝结

①现象：内容物表面及空隙间有豆腐状物质，主要发生在清蒸、茄汁和油浸类水产罐头中。

②主要产生原因：热凝性可溶蛋白受热凝固。

③预防控制措施：采用新鲜原料；在处理过程中要去净血污；用盐水浸泡原料30min左右，以除去部分盐溶性热凝性蛋白。

4. 产生结晶

①现象：罐头在储藏过程中产生无色透明玻璃状结晶——磷酸铁镁。

②主要产生原因：虾、蟹类本身含有磷酸铁镁盐的各种成分，在高温加热时会生成磷酸铁镁盐类。硝酸铵镁盐高温时溶于汤汁，冷却后会逐渐析出。

③预防控制措施：采用新鲜原料，蛋白质分解的氨量较少；控制pH值在6.3以下；使用精制盐或用淡水处理原料；杀菌后的冷却要及时；添加增稠剂使结晶析出速度变缓。

5. 肉质软化（液化）

①现象：（主要是虾、蟹类罐头）肉质无弹性、松散或糊状感。

②主要产生原因：原料鲜度差，杀菌不充分，微生物作用（尤其是耐热性枯草杆菌等）。

③预防控制措施：采用新鲜原料，加工过程尽量迅速并严格按要求进行操作，确保杀菌的温度和时间符合杀菌规程操作要求，加工过程中使用低温等措施，装罐前将原料用1%柠檬酸和1%仿真混合液浸渍1min～2min。

6. 黏罐

①主要原因：鱼肉和鱼皮加热时凝固，同时鱼皮中的胶质热水解成明胶，极易黏附罐壁。

②预防控制措施：选用鲜度好的原料，采用脱膜涂料膜或在罐内涂植物油，鱼块装罐前烘干表面的水分。

7. 瘪听

①主要产生原因：金属罐的材质较薄，罐盖膨胀密封圈强度不够，罐头杀菌后冷却时的压力和温度波动大，罐内真空度过高，加工过程中罐头相互碰撞。

②预防控制措施：选用厚度适当的薄板罐和强度足够的罐盖膨胀密封圈，杀菌后的冷却降压和降温要平稳，控制罐内真空度不要超过规定要求，防止加工过程中的罐头碰撞。

8. 罐内涂料脱落

①主要产生原因：油浸和油炸调味类罐头常见质量问题。由于涂料固化不完全或涂料划伤；含氧化锌的涂料中氧化锌与油脂中的油酸结合，致使涂料膜起皱脱落。

②预防控制措施：采用涂料固化完全的铁罐，选用涂料中氧化锌含量低的铁罐和酸价低的精炼植物油。

第三节　水产冷冻食品

冷冻食品是指新鲜原料经过一定处理，再利用人工制冷技术冻结后包装冻藏的食品。水产食品的冻结温度一般在 - 33℃以下，而冻藏多采用 - 20℃以下。

水产冷冻食品按对原料的前处理方式可分为生鲜水产冷冻食品和调理水产冷冻食品两大类。生鲜水产冷冻食品又可分为对原料进行形态处理的初级加工品和经过一定加工拌料（调味料、配料）的生调味品；调理水产冷冻食品是指烹调、预制的水产冷冻食品，调理水产冷冻食品不经烹调即可食用，或只需简单加热即成美味佳肴。

水产冷冻食品的特点有：合理利用了水产品资源；制品质优卫生、便于销售、食用方便，适应现代生活节奏和副食品销售的需要，并可出口创汇；节省能量；避免了水产品废弃物的往返运输，减少城市的环境污染等。

一、水产冷冻食品加工保藏的原理

1.冷冻对微生物的影响

水产品上附着的腐败细菌主要是水中细菌，有假单胞菌属、无色杆菌属、黄色杆菌属、小球菌属等，都是嗜冷性微生物，其生长的最低温度为 -10℃～5℃，最适温度为10℃～20℃。

冷冻对微生物生长繁殖的作用主要表现在冷冻本身的抑制作用、冻结使微生物的生存环境水分活度下降、冷冻导致的机械损伤和局部环境溶质浓度升高造成的高渗透作用。

当温度降至 -10℃以下时，细菌的繁殖就完全停止，当温度下降至 -18℃以下时，水产品呈冻结状态，鱼体中90%以上的水分冻结成冰，造成不良的渗透条件，使细菌无法利用周围的食料，也无法排出代谢产物，加之细胞内某些毒物积累，阻碍了细菌的生命活动。

水分是微生物繁殖的必要条件，细菌繁殖所需水分活度 A_w 一般为 0.91～0.98，当鱼体温度降至 -10℃时 A_w 值为 0.907，降至 -15℃时 A_w 值为 0.864，降至 -20℃时 A_w 值为 0.823，降至 -30℃时 A_w 值为 0.75，因此，将水产品冻结保藏，可有效地抑制细菌繁殖。

冷冻使水产品中大部分游离水结冰，体积膨胀，冰晶体的形成对微生物细胞造成机械挤压作用，导致其细胞破裂而死亡。冻结还因游离水的结冰使原来溶解于水的成分，尤其是盐类的浓度升高，在微生物细胞周围产生了高渗透压环境，使细胞内蛋白质变性、原生质或胶体脱水而死亡。

影响微生物低温致死的因素有温度、降温速度、结合水含量、介质的种类及贮藏期等。

冰点或冰点以上的低温只能抑制部分微生物的生长速度；冻结温度对微生物抑制作用较大，尤其是最大冰晶生成带（水产品多数为 -5℃～ -2℃）的温度对微生物的威胁性最大。

在冻结温度以上，降温越迅速，微生物的死亡率越高；冻结点以下，缓冻将导致剩余微生物的大量死亡，而速冻对微生物的致死效果较差，但缓冻的水产食品在解冻后会造成汁液的大量流失，使得产品的食用品质明显下降。

结合水分含量高，微生物在低温下的稳定性也相应提高。高水分、低 pH 值会加速微生物死亡，糖、盐、蛋白质等对微生物有保护作用。

微生物的数量随冷冻贮藏期的延长而减少。随着贮藏期的延长，虽然微生物的数量减少了，生长繁殖也得到抑制，酶的作用也不是很明显，但是其他的化学及生化变化如脂肪氧化、蛋白质分解、糖的水解等仍然在进行。冻藏时温度波动越大，微生物死亡率越高，与此同时冷冻品细胞破裂也越厉害，解冻时汁液流失也越严重。

2.冷冻对酶活性的影响

水产食品经过冻结后可以有效防止微生物的生长繁殖，但是很多酶在水产品冻结的状态下仍具有活性，例如，脂肪水解酶在 -20℃下仍能引起脂肪的缓慢水解。低温下酶的催化作用实际上并未停止，只是酶活性随温度的下降而降低，一般的冻藏不能完全抑制酶的活性。

冻结的水产食品在解冻时许多酶的活性会恢复，甚至急剧增加，加速解冻水产食品的腐败变质。因此，在冻结前要考虑钝化或抑制酶活性的处理措施，如采用烫漂、蒸煮或油炸等加热灭酶。

3.冷冻与其他化学作用的关系

温度是物质分子或原子运动能量的度量，由于物质生化和化学反应速度主要取决于反应物质分子的碰撞速度，因此，反应速度取决于温度。

二、水产冷冻食品加工的一般工艺

水产冷冻食品有生鲜的初级加工品和调味半成品，也有烹调的预制品。它的生产工序也因水产品的种类、形态、大小、产品的形状、包装等不同而异，但一般都要经过冻结前处理、冻结、冻结后处理等过程。下面以鱼类冷冻食品为例，说明水产冷冻食品加工的一般工艺。

原料→鲜度选择→前处理→冻结→后处理→制品→冻藏或发送

1.鲜度的选择

冷冻鱼质量判定，有测定 K 值和 $TVB\text{-}N$ 值的化学方法、测定细菌数的微生物学方法、用显微镜观察的组织学方法和测定液汁损失量的物理方法，但是最简单的还是感官检查。冷冻鱼的解冻以进行到半解冻状态为宜，便于调理。解冻后的终温必须保持在5℃以下。

2.前处理

原料的前处理是水产冷冻食品加工的主要工序。鲜鱼首先要用清洁的冷水洗干净，海水鱼可使用1%食盐水来洗，以防止鱼体褪色和眼球白浊。大型鱼类一般可用手工，也可用机械将鱼肉根据冻结制品的要求，制成鱼段、鱼肉片、鱼排、鱼丸等。整个前处理的过程中，原料都应保持在低于常温的冷却状态下，以减少微生物的繁殖。

原料经过水洗、形态处理、挑选分级后，有些品种还要进行必要物理处理和化学添加剂处理，例如抗氧化处理、盐渍、加盐脱水处理、加糖处理等，然后称量、包装、冻结。在操作顺序上，各个品种也有不同。采用块状冻结方式，一般都是冻前包装，或者把一定重量的原料装入内衬聚乙烯薄膜的冷冻盘内进行冻结；如果采用连续式的IQF（单体快速冻结）方式，则分级和包装都在冻结后进行。

3.冻结

为了保持水产冷冻食品的高质量，冻品出冻结装置时的中心温度必须达到-15℃以下。

4.后处理

水产冷冻食品从冻结装置中出来，在送往冷藏库进行长期的低温冻藏前，常常需要进行一些处理，其目的是防止长期冻藏中水产冷冻食品的品质变化和商品价值的降低，这个工序称为后处理。

水产冷冻食品在冻藏的过程中，其冻结制品表面常会发生干燥、变色现象，这是由于制品表面的冰结晶升华，造成多孔性结构，水产品的脂类在空气中氧的作用下发生氧化酸败的结果。水产冷冻食品的变色、风味损失、蛋白质变性等变化，都会使冻品的质量下降，而这些变化也都与接触空气有关。为了隔绝空气、防止氧化，可以在后处理工序中对冻结制品进行一些有效处理，例如镀冰衣、包装等作业，以防止水产冷冻食品在冷藏中商品价值的下降。

镀冰衣是将水产冷冻食品浸入预先冷却至4℃的清水或溶液中3s～5s，使冻品外面镀上一层冰衣，隔绝空气，防止氧化和干燥，这是保持水产冷冻食品品质的简便而有效的方法。

5.冻藏

生产出来的水产冷冻食品应及时放入冷藏库进行冻藏。冻藏温度以-30℃～-40℃

为好，并要求温度稳定、少变动，才能使制品保持 1 年左右而不失去商品价值。目前，我国冷库因受现有条件的限制，水产冷冻食品的贮藏温度还不能实现低温化，但也必须使保藏温度保持在 - 18℃以下，并在 - 18℃以下的低温冷藏链中流通。

第四节　水产干制品

水产品原料直接或经过盐渍、预煮后在自然或人工条件下干燥脱水的过程称为水产品干制加工，其制品称为水产干制品。干燥就是在自然条件或人工条件下促使食品中水分蒸发的工艺过程。脱水就是在人工控制条件下促使食品水分蒸发的工艺过程。

一、水产品干制的基本过程

1.食品的干制过程

固体物料在稳定的干燥条件下干燥，水分含量较高时物料表面被液层漫盖，此时液体从固体表面蒸发与不含固体的自由液面蒸发一样。蒸发所必需的热量全部由空气供给，固体表面温度与空气的湿度、温度保持平衡，只要这种条件不改变，干燥速度就保持一定。水分量到达一定值，干燥速度出现下降，这一界限点称为界限水分量。界限水分量之前为恒速干燥，之后为减速干燥。至减速干燥结束，物料中的水分已很难再蒸发，如果需要进一步除去物料的水分，可将被干燥物堆积起来，在保证质量的前提下放置几小时甚至数天，使内部的水分扩散、制品的水分均一化后再进行干燥。这一操作称为均湿或回软。

2.食品干制过程的特性

食品在干制过程中，食品水分含量逐渐减少，干燥速度逐渐变慢，食品温度也在不断上升。食品干燥过程的特性可由干燥曲线、干燥速度曲线和食品温度曲线组合在一起加以表达。

3.影响干制的主要因素

（1）加工条件

传热介质和食品间温差越大，热量向食品传递的速率也越大，水分外逸速度也会加快，但温度过高会引起食品发生不必要的化学和物理反应。干燥空气吹过食品表面的速度影响水分从表面向干燥空气中迁移的速率，空气流速增加，表面蒸发也加快。空气的相对湿度增加会降低水分蒸发的推动力，最终降低食品的干燥速率；空气相对湿度和食品表面的水蒸气含量一旦达到平衡，干燥就不会发生。气压越低，水的沸点也越低，因此，食品在真空条件下加热干制时，也可以在较低的温度下进行。

（2）食品的性质

食品表面积越大，干燥效果越好。食品内水分迁移在不同方向上是完全不同的，这取决于食品组成的定向，干燥时水分沿纤维结构方向的运动速率比横穿纤维结构更快。细胞结构间的水分比细胞内的水分更容易除去，当细胞结构被破坏时，有利于干燥，但是细胞破裂所引起的损害会使干制品的品质变差。增加黏度和降低水分活度的溶质，如糖、淀粉、蛋白质和胶质等，通常会降低水分转移的速率和干燥的速度。

二、水产品的干制方法与干制技术

1. 水产品的干制方法

干制方法可分为天然干燥法与人工干燥法两类。天然干燥法主要是日干和风干，即晒干和阴干。人工干燥法很多，用于水产品干制的主要有热风干燥、冷冻干燥、远红外干燥等。

（1）日干与风干

日干与风干统称为自然干燥。日干（晒干）是利用太阳辐射促使物料的水分蒸发，同时利用风力把原料周围的水蒸气不断带走以达到干燥目的。风干（阴干）则是在无太阳直接照射的情况下，主要利用风力使空气不断吹过原料周围时，带走原料蒸发的水分，并补充水分蒸发所需的热量而达到干燥的目的。日干是将原料放置在阳光直射和通风良好的地方，温度较高，干燥速度较快，但太阳辐射容易造成脂肪氧化和蛋白质变性。风干温度较低，无直接阳光照射，制品质量较好。

天然干制的特点是设备简单、操作简便、节省能耗、费用低廉。但是，天然干制由于受气候条件的限制存在不少难以控制的因素（如温度、风速等），难以制成品质优良的产品，同时还需要大面积的晒场和大量的劳动力，劳动生产率低。此外，容易遭受灰尘、杂质、昆虫等污染，以及鸟类、啮齿类动物的侵袭，产生损耗又不卫生。

（2）热风干燥

用人工加热空气并循环通过物料表面，一方面供给热量以提高物料温度使其水分蒸发，另一方面将蒸发的水分从物料周围带走。一般水产品干燥的风温在 40℃～60℃。干燥器有箱式和隧道式。热风干燥的优点是不受自然气候的影响，可以大规模连续化生产，能迅速有效地达到干燥目的，还能防止干燥过程中细菌产生腐败作用，减轻脂质的氧化，制品的色泽也较好。为避免热风干燥过程中温度过高对产品品质产生不良影响，可用冷风代替热风进行干燥，称为冷风干燥法。即利用冷却除湿器使空气中的水分冷却、凝结并除去，低湿空气循环通过被干燥物料，达到干燥目的。循环冷风的温度控制在 15℃～30℃，相对湿度在 20%左右。

（3）远红外干燥

利用远红外辐射加热物料使水分蒸发的干燥方法。远红外线可以有效地被干燥物料吸收后转变为热能，使其水分蒸发。远红外辐射发生器是用金属或陶瓷作为基体，在其表面涂覆能发生远红外线的涂层。干燥时用电热或者煤气、炽热烟气等通过加热基体使涂层发出远红外线。为了加速干燥，可配送风装置。

（4）冷冻干燥

水产品冷冻干燥法有两种。一种是利用天然和人工低温，使物料组织中水分冻结后再解冻从组织中流出，以达到脱水的目的。这种干燥的特点是制品组织中的水溶性物质和水分一起流失，制品成为多孔性结构。另一种方法是真空冷冻干燥。制品冻结后置于真空状态下，使冰直接升华成为水蒸气而逸出以达到干燥目的。纯水由固态直接升华为气态的温度为 0℃、压力为 626.6Pa。鱼、虾类等肌肉的水分结冰点低，升华温度在 -4℃，压力在 533.2Pa 以下。冻结干燥装置由冻结器、真空泵、干燥室、冷凝器等组成。真空冷冻干燥因干燥温度低，可以有效地防止鱼肉蛋白质变性和脂肪氧化，使制品具有良好的复水性和色香味。但设备制造费用高，干燥周期长，产品的成本也较高，多用于虾类等经济价值高而体型较小的制品。

2. 水产品干制技术

（1）生干品

又称淡干品或淡干制品，是生鲜水产品不经盐渍或煮熟处理直接干燥而成的制品。原料多为体型小、肉质薄而易于迅速干燥的鱼、贝、虾、紫菜、海带等。生干品的优点是原料的组成、结构和性质变化小，水溶性营养成分流失少、复水性好，能基本保持原有的良好风味并具有较好的色泽。但原料未经盐渍、预煮等处理，在晒干、风干过程中易受到气候影响而变质。由于微生物和组织中酶类仍有活性，在干燥和贮藏过程中可能引起生干品色泽与风味的变化。制品有墨鱼干、鱿鱼干、鱼肚（鱼鳔胶）、鳗鲞、银鱼干、虾干、干紫菜、干海带等。

（2）煮干品

又称熟干品，是鱼、贝、虾等原料经煮熟后再干燥的制品。煮熟的目的是通过加热使原料肌肉蛋白质凝固脱水，肌肉组织收缩疏松，从而使水分在干燥过程中加速扩散，避免变质；加热还可以杀死细菌和破坏鱼体组织中酶类的活性；贝类、鱼翅在加热后便于开壳取肉和去皮去骨。为了加速脱水，煮时加 3%～10% 的食盐。煮干品质量较好，耐贮藏，食用方便。但是原料经水煮后，部分可溶性物质溶解到煮汤中，影响制品的营养、风味和成品率；干燥后的制品组织坚韧，复水性较差。煮干加工主要适用于体小、肉厚水分多、扩散蒸发慢、容易变质的小型鱼、虾和贝类等。主要制品有鱼干、虾皮、虾米、牡蛎、干淡菜、鲍干、干贝、鱼翅、海参等。

（3）盐干品

是经过盐渍后再干燥的制品，分为盐渍后直接干燥和经漂洗后再干燥两类。多用于不宜进行生干和煮干的大中型鱼类，以及不能及时进行生干和煮干的小杂鱼等的加工。盐干品的特点是利用食盐和干燥的双重防腐作用，可以在渔货多且来不及处理，或者阴雨天无法干燥的情况下，先行腌渍保藏，等待天晴时进行晒干，加工操作比较简便，适合于高温和阴雨季节时加工，制品保藏期长；缺点是不经漂洗的制品味道太咸，肉质干硬，复水性差，易油烧。主要制品有河豚鱼干、小杂鱼干等。

（4）调味干制品

是原料经调味料拌和或浸渍后干燥，或先将原料干燥至半干后浸调味料再干燥的制品。其特点是水分活度低，耐保藏，且风味、口感良好，可直接食用。调味干制品的原料一般可用中上层鱼类、海产软体动物或鲜销不太受欢迎的低值鱼类。主要制品有五香烤鱼、五香鱼脯、珍味烤鱼、香甜鱿（墨）鱼干、鱼松、调味海带、调味紫菜等。

三、水产干制品的保藏与劣变

1. 制品的吸湿

①主要发生原因：将干制品置于空气相对湿度高于其水分活度对应的相对湿度时则吸湿，反之则干燥。吸湿或干燥作用持续到干制品水分活度对应的相对湿度与环境空气的相对湿度平衡为止。

②预防控制措施：在贮藏中必须尽可能使制品周围的空气与制品水分活度对应的相对湿度接近，避免制品周围空气温度偏高，并采用较低的贮藏湿度。

2. 干制品的发霉

①主要发生原因：干制品的发霉一般是由于加工时干燥不够完全，或者是干燥完全的干制品在贮藏过程中吸湿而引起的劣变现象。

②预防控制措施：一是对干制品的水分含量和水分活度建立严格的规格标准和检验制度，不符合规定的干制品不包装进库；二是干制品仓库应尽可能保持低而稳定的仓库温度和湿度，定期检查温湿度记录和库存制品状况，及时处理和翻晒；三是应采用防潮性能较好的包装材料进行包装，必要时放入去湿剂保存。

3. 制品的油烧

①主要发生原因：干制品中的脂肪在空气中氧化，使其外观变为似烧烤后的橙色或赤褐色的现象称为油烧，基本原因是鱼体脂肪与空气接触所引起，但加工贮藏过程中光和热的作用也可以促进脂肪的氧化。

②预防控制措施：尽可能使干制品避免与空气接触，必要时密封并充惰性气体包装，使包装内的含氧量在 $1\% \sim 2\%$；添加抗氧化剂等一起密封并在低温下保存。

4. 制品的虫害

①主要发生原因：鱼贝类的干制品在干燥及贮藏中容易受到苍蝇类、蛀虫类的侵害。自然干燥初期，苍蝇可能在水分较多的鱼体上群集，传播腐败细菌和病原菌，而且在肉的缝隙间产卵，较短时间内就能形成蛆，显著地损害商品价值。

②预防控制措施：防止苍蝇的侵害，必须保持场地干燥及其周围的清洁，以阻止苍蝇的进入。大多数的害虫在环境温度 15℃ 以下几乎停止活动，所以利用冷藏很有效。对干制品采用真空包装及充入惰性气体密封。使用杀虫剂时，必须注意不能让药剂直接接触到食品。

第八章　糖果加工技术

第一节　糖果加工基本知识

糖果是以砂糖和液体糖浆为主体，经过熬煮，配以部分食品添加剂，再经调和、冷却、成型等工艺操作，构成具有不同物态、质构和香味的，精美的、耐保藏的、甜的固体食品。

一、糖果分类

糖果的花色品种很多，目前国内有以下几种习惯分类方法：

①按照糖果的软硬程度分：硬糖，含水量小于2%；半软糖，含水量在5%～10%；软糖，含水量在10%以上。

②按照糖果的组成分：硬糖、乳脂糖、蛋白糖、奶糖、软糖和夹心糖等。

③按照加工工艺特点分：熬煮糖果（简称硬糖）、焦香糖、充气糖、凝胶糖、巧克力制品等。

④按照中华人民共和国相关行业标准分：硬质糖果、夹心糖果、焦香糖果、凝胶糖果、抛光糖果、胶基糖果、充气糖果、巧克力及巧克力制品等。

二、糖果加工主要原辅料

糖果种类很多，所用的原辅料范围很广，常用的有糖类原料、油脂原料、乳品原料、胶体原料、果料原料及食品添加剂。

1. 糖类原料

主要有砂糖、糖浆、糖醇、甜味剂等。甜味料是构成糖果的基体，是构成糖果的主要部分，所以甜味料的选择是至关重要的。一般制造糖果都要用一定的砂糖和糖浆按一定比例调制，在选择砂糖时要选择色泽洁白明亮、纯度高、甜味正、无异味、颗粒均匀、糖液清晰透明的砂糖。

糖浆是另一主要甜味料，一般由淀粉类多糖经酶或酸水解而成，具有温和的甜味、黏度和保湿性。适当的糖浆可以阻止或延缓糖果的返砂，故一般糖果制作中，常用转化糖浆，其 DE 值［DE 值＝还原糖含量（以葡萄糖计）/淀粉干物质的量］为 38%～42%，pH 值在 4.8～5.5，熬煮温度 140℃的糖浆较好。糖醇类甜味剂在近几年的无糖糖果和口香糖生产中应用较多。

2. 油脂原料

主要有奶油、氢化油、可可脂等。相当多的糖果和巧克力制品都以油脂作为重要的组成成分来提高营养价值，改善产品色泽、风味、质构、形态和保存性。但是并不是所有的油脂都可作为糖果的原料，只有经过加工、混配、改性、精炼后的油脂才能应用于糖果和巧克力制品。一般在选择糖果用油脂时，多考虑其应具有合适的硬度和可溶性、细腻的组织、愉快的香气等。

3. 乳品原料

主要有鲜乳、炼乳、乳粉等。乳和乳制品是糖果和巧克力生产中的一种重要原料。奶糖、焦香糖、巧克力等含有丰富的乳和乳制品，它赋予了糖果诱人的乳香味，提高糖果的营养价值。而且乳品具有乳化作用，能使糖果组织细腻。乳固体在熬制过程中能使黏稠的糖浆乳化、疏松。咀嚼时，溶化的糖浆成为一种浓厚的乳化体，使口舌上有细腻的感觉。乳品种类很多，应根据糖果的生产需要进行适当的选择。

4. 胶体原料

主要有淀粉、琼脂、明胶、果胶等。胶体的相对分子质量都较大并具有一定的亲水性，在糖果制造中起着重要的作用。胶体是软糖的骨架，没有胶体就失去了软糖的特性。胶体还可以使奶糖具有弹性，使蛋白质疏松，使夹心糖的果酱心稠厚。

糖果用胶体大多是来自动植物的天然胶体，它们有各自的性质，如淀粉凝胶脆而不透明，琼脂凝胶脆而透明，明胶凝胶透明而富有弹性，树胶凝胶坚硬而质脆。

5. 乳化剂、发泡剂

主要有磷脂、卵蛋白等。乳化剂和发泡剂都是表面活性剂，可以有效降低界面的表面张力，使产品保持水分、改善泡沫、调节黏度、改善产品的组织适口性。

6. 香精、香料

糖果生产中，为了改善其感官质量和显示其特点，一般添加有一定量的香精、香料。

香料是由有挥发性的有机化合物组成，而香精是各种香料调配而成的混合物，香精、香料对糖果的口味和各自的特色起着决定性的作用。

7. 其他

包括酸味剂、抗氧化剂、强化剂，在一些糖果中还添加了花生、杏仁等果仁。

第二节　硬糖加工技术

一、硬糖的组成与特性

硬糖也称熬煮糖果，是以多种糖类为基体，经过高温熬煮、脱水浓缩而成，常温下，它是一种坚硬易碎、无定形结构的甜的基体。

1. 硬糖的组成

硬糖基本由甜体和色香味体两部分组成。甜体包括砂糖和各种糖浆，其中蔗糖 $50\% \sim 80\%$，麦芽糖、葡萄糖、果糖、转化糖 $10\% \sim 25\%$，高糖、糊精 $10\% \sim 25\%$；色香味体包含香料、调味料和辅料。甜体和色香味体两者结合就形成具有不同特色的熬煮硬质糖果。硬糖的甜体不能任意地添加具有天然色香味的辅料，香精油加入量一般在 0.1% 左右。

果味型硬糖是通过添加不同有机酸来调节控制其风味的，常用的有柠檬酸、酒石酸和乳酸等。酸能减少硬糖甜体的甜度，同时能提高水果香气，酸甜适度能产生良好的味感。各种有机酸的酸味效果是不同的，一般硬糖内柠檬酸的加入量约 1%。要达到其他综合的香味效果，可添加天然的食品原料，如鲜奶、炼乳、乳脂、椰子汁、椰子油、可可、咖啡、绿茶、花生、松子等。

2. 硬糖的特性

硬糖的基体实际上可以看作一种过冷的、过饱和的固态溶液，质构属于不稳定状态，随外界温度和湿度条件变化而变化。在 $70℃$ 以上逐渐熔化为半固体的可塑性糖体，在 $100℃$ 以上慢慢变为黏度较高的糖膏，在 $150℃$ 以上则转变为流动性很大的液体。硬糖的含水量在 2% 以下，水分含量低是硬糖区别于其他类型糖果的明显标志，是构成硬糖坚硬脆裂的主要原因，硬糖不硬不脆，易出现返砂。硬糖的质构随工艺条件变化可形成不同的物理状态，分别呈现为透明状态、丝光状态、结晶状态、膨松状态。

二、硬糖加工的一般工艺

1. 主要工艺流程

硬糖生产首先是要将结晶状态的蔗糖转化为无定形状态，加水溶解添加抗结晶物质后再将溶液中的水分蒸发。硬糖熬糖浓缩工艺有常压熬糖、真空熬糖和连续注模熬糖。

（1）常压熬煮硬糖工艺流程

砂糖＋淀粉糖浆→配料→溶化→过滤→熬煮→冷却→调和（色素、香精、调味料）→成型→冷却→挑选→包装→成品

（2）真空熬煮硬糖工艺流程

砂糖＋淀粉糖浆→配料→溶化→过滤→预热→蒸发→真空熬煮（色素）→冷却→调和（香精、调味料）→成型→冷却→挑选→包装→成品

（3）连续注模熬糖工艺流程

砂糖＋淀粉糖浆→配料→溶化→过滤→预热→真空熬煮（色素、香精、调味料）→调和→注模→成型→冷却→挑选→包装→成品

2. 加工操作要点

（1）配料和化糖

根据生产配方中各种物料的准确配比及各物料间的平衡配伍结果，选取合适的原材料配比来进行糖果生产。在设计一个产品配方时，不但要注意物料平衡与还原糖平衡的计算，更要注意将计算结果与实际操作结果做对比修正。由于生产中所选用的装备条件和生产规模的不同导致工艺损耗与生成还原糖这两个变量不一定，只有经过实践的校验、修正，理论计算才能更趋向与实际一致。

化糖主要指砂糖的溶化。将砂糖和淀粉糖浆放入化糖锅内，加入配方中干固物30%～35%的水，加热使糖溶化。在实际操作中，应加多少水量，还应按配方中不同物料的性质而定。另外，从能耗、品质两方面出发，确定合理的加水量、合适的溶化温度和时间，是溶化必须明确的要求。为了减少硬糖制造溶化过程的加水量，已出现一种新的压力溶化器，可与重量计算系统装置相连接，混合物的物料以泵送入压力溶化器的蛇管内通过，同时加热蒸汽送入溶化器内，在短时间内使混合物料完全溶化。采用在压力下加热的方法，硬糖物料的加水量可减少至15%，节约能耗较大，而且对保证品质也有

帮助。

化糖的工艺操作，除按规定加入合适的水量外，还要注意几点操作要求：一是当糖液加热到105℃～107℃，浓度为75%～80%时，糖液沸腾后要静止片刻，使砂糖充分溶解，一般化糖时间以9min～11min为宜；二是溶糖要配合熬煮进行，溶化后的糖液不能放在加热锅内太久，以防止转化糖增加，色泽变深；三是糖液加热时要不断搅拌，以助溶化和防止糖浆结焦或溶糖不彻底，溶化后的糖液立即过滤，过滤网筛为80目～100目；四是要控制糖头水掺入量及酸度，一般糖头水掺入量不超过糖液量的10%，糖头水的浓度需要浓缩至固形物的70%，并调整pH值为6～7。当糖头水颜色深，影响成品色泽时，需对糖头水进行脱色处理，以保证成品的色泽达到质量规定的要求（调整pH值一般用碳酸氢钠，脱色用活性炭）。

原料中如含有多量的淀粉糖浆和糊精，化糖时常会产生许多泡沫，尤其在达到沸点时更为严重，常有泡沫溢出造成糖液损失。消泡的方法，一般是加入少量食用油，以降低糖液表面张力。如泡沫产生量大，应先关闭热源，停止加热，待锅内泡沫消退后再加消泡剂。

需要注意的是，化糖所使用的水质也要符合相应的要求，如果水中氯化钠含量高，会使蔗糖在高温时产生化学分解，使还原糖含量升高；硬水则可以破坏促使砂糖转化的物质，因而使转化糖无法生成，并且硬水熬成的糖色泽深、透明度低。化糖的水温应逐渐升高，温度一般不超过80℃。

（2）糖的熬煮

熬糖是硬糖加工工艺中的关键工序，目的是把糖液中的大部分水分重新蒸发出去，使最终糖膏达到很高的浓度和保留较低的残留水分。熬糖有常压熬糖和真空熬糖等方法。

①常压熬糖：在108℃～160℃的温度条件下进行，熬煮温度根据糖液组成调整。常压熬糖一般都采用明火加热，火力大小直接影响熬糖速度。在熬糖过程中，在较低的pH值下，蔗糖不同程度地分解为转化糖。在熬糖过程中如果不对糖液的pH值、熬煮温度和熬煮时间等引起蔗糖分解的各种条件加以控制，其生成的转化糖和其他物质会造成糖果颜色加深、味苦，吸湿性强，在生产过程中因吸收周围的水汽而发苦变质，在商品保藏期间也会出现不同的吸湿性，导致商品严重变质。

②真空熬糖：也称减压熬糖，在一个密闭的熬糖锅内，糖液表面的空气大部分被抽除，糖液表面空气压力极小，只要达到较小的蒸汽压，糖液即处于沸腾状态，糖液在较低温度下就可除去大部分水分，避免了在高温长时间条件下熬煮所带来的不利硬糖品质的化学变化。真空熬糖可分为预热、真空蒸发和浓缩三个部分。在熬糖前，要先将溶化

的糖液预热至 115℃～118℃，然后开启真空泵及冷凝器水阀，排除锅内部分空气，当锅内真空度达到 34kPa 时，开启吸糖管开关，使预热后的糖液吸入真空锅，同时开启真空熬糖锅的加热室蒸汽。当糖液温度达到 125℃～128℃时，即可将压气开关和加热室蒸汽关闭，使锅内真空度提高到 93kPa，当糖液温度下降至 110℃～115℃时，熬糖即结束。然后打开压气开关，关闭冷凝水阀及真空泵，最后打开熬糖锅底部阀门放糖，将熬好的糖液放出。

另外，还可以采用现代的连续真空薄膜熬糖新工艺技术及其设备进行真空熬糖处理，与传统方式比较，其具有更多优点，如自动化程度和稳定性都很高，可有效控制温度、浓度、真空度、加热蒸汽压力、进出料速度与数量等操作条件，生产能力也大大提高，可达 500kg/h～1000kg/h。

（3）混合与冷却

①混合：经熬煮的糖液在卸出熬糖锅后，在糖体还未失去流动性时，将所有的着色剂、香料、酸及其他添加物料及时添加进糖体，并使其分散均匀的过程，在糖果制作中称为混合。硬糖膏温度越高，黏度越低，相对来说流动性越好。在添加较多物料或不易分散物料时，只要不影响最终成品的品质要求，宜在糖液熬煮后马上添加着色剂、香料、酸等添加物料。有时候为保证硬糖最终品质，宜在糖液温度降至 110℃时添加。另外，某些物料须经预处理，以达到添加后能分散均匀的要求。

②冷却：硬糖的冷却方式有手工冷却和机械自动冷却。不管何种方式冷却，传热介质都是冷水。因此，根据不同糖膏温度、环境温度和自来水温度，调节好冷却水的流速，对混合冷却过程中物料的充分均匀混合、冷却的均匀以及操作的顺利进行都很重要。冷却过程中还要注意的是回掺糖头量的控制及溶化，不能出现糖头硬块与糖膏内有大的空气泡，避免过度搅拌引起返砂。

（4）成型

熬到规定浓度的糖膏经过适度冷却后，添加食用色素、调味料和香精，混合均匀后即可成型。硬糖的成型主要有冲压成型和连续浇模成型两种方式。冲压成型是当糖膏温度降到 70℃～80℃时，糖膏具有半固体的特性，此时的可塑性最大，利用匀条机械将糖膏翻动和拉伸成大小均匀的糖条，再进入成型机冲压成糖粒，经风冷至 56℃～58℃，糖粒即固化。连续浇模成型是当熬好的糖膏还处于流变状态的液体时，将液态糖浆定量地浇注在连续运行的模型盘内，然后迅速冷却和定型，最后从模盘内脱落分离出糖粒。

（5）包装

包装是糖果生产的一个重要环节，包括装填、密封、贴标、打包、编号、称重、装箱等工序。硬糖的包装分为内包装和外包装两种，一般内包装纸为商标纸，其包装形式有扭结包装、枕式包装、克头包装（折叠式包装）等，外包装有袋装、条装、卷装、听装、盒装等。包装的作用是通过密封防止和延缓糖果产品吸湿后发生发烊和返砂。糖果包装最关键的要求是防潮性，因此包装室应保持室温在 25℃、相对湿度在 50％以下，以保证包装的顺利进行。

第三节　酥心糖加工技术

酥心糖是夹心糖的一种，是将各种油料植物的种子制成成熟酱体（也称为油籽酱），作为糖果的酱心，外面再包以糖皮而成的糖果。

一、酥心糖的组成与特性

1. 酥心糖的组成

酥心糖常用的油籽酱有芝麻酱、花生酱、葵花籽酱、大豆酱、榛子酱等一些坚果类制成的酱体，用作酥心糖馅的各种油籽酱，含有丰富的蛋白质和脂肪，还含有丰富的维生素 A、维生素 D、维生素 E，以及烟酸和较多的无机盐类，因此酥心糖是一种营养价值较高的健康食品。另外酥心糖生产工艺简单，原材料来源充足，生产效率高，成本低廉，销路好。

2. 酥心糖的特性

酥心糖的基础物质是硬糖，因此酥心糖既具有硬糖坯的甜脆性，又有油籽酱诱人的芳香气味和滋味，组织松酥，食之香甜酥软，十分适口，具有特殊的风味。硬糖坯部分所应有的硬、亮、脆、透明的特点对酥心糖的特性十分重要。为达到这个特点，必须对糖膏进行高浓度熬煮，以保持硬糖坯的含水量在 2％以下，酥心糖除表皮外，大部分糖坯并不要求具有玻璃状的透明体，一般呈不透明的白色以遮挡酥心糖内油籽酱的颜色，外皮上加打一定色调的条纹。

二、酥心糖加工的一般工艺

1.主要工艺流程

白砂糖、水→淀粉糖浆→溶糖配浆→保温储存→真空浓缩→冷却→分割糖骨→表皮包酱拉酥→压模成型→冷却→包装→入库

为了防止生产过程中的蔗糖重结晶和成品保管过程中的返砂，也要添加一定量的淀粉糖浆或淀粉糖浆与转化糖浆的混合物，以控制成品的还原糖含量。但是酥心糖除表皮外，大部分糖坯并不要求具有玻璃状的透明体。在工艺过程中对硬糖坯要进行拉白处理，把大量空气裹挟到糖坯中去，使糖坯比重减小，内部组织酥松，并使硬糖坯变成不透明的白色以遮挡酥心糖内油籽酱的颜色，对美化酥心糖的外观是有益的。同时硬糖坯的拉白处理增加了糖坯的弹性，从而有利于酥心糖的成型，使成品外观显得更加鲜艳。

酥心糖的成型与大多数熬煮糖果的糖坯一样，根据在70℃～85℃时具有最大可塑性的原理进行模压、切割、成型。酥心糖的馅心也应具有柔软的可塑性和连续性。为此用拉白的硬糖坯将油籽酱用手工包裹并层折为一个互混的整体，以保证在拉条中硬糖坯和油籽酱能均匀而连续地出条，使糖果颗料中的含馅量一致，并保证成品心馅的层次完好均匀，即形成硬糖坯和油籽酱互相间隔的层次，使咀嚼时口感酥脆。为使外表美观和区别品种，一般在外皮上加打一定色调的条纹。为了保证拉条方便和成品表面的光泽，一般在酥心糖外皮的表面还要另外包一层透明的表皮。

2.加工操作要点

（1）溶糖配浆

将水加热并加入定量的淀粉糖浆，搅匀并加热到80℃左右，再加入定量砂糖，搅拌加热到沸腾并保持5min左右，使砂糖完全溶化。加水量按下式计算：

每锅加水量＝0.3×配料中总干固物重量－配料中水分总重量

（2）熬糖

若为真空连续熬糖，则需要控制定量泵的流量，保证糖膏色泽浅、水分低。要求真空度0.09MPa～0.10MPa，蒸汽压力0.05MPa～0.06MPa，糖体内糖浆温度136℃～142℃。若为直接火熬糖，则要求火度平稳，140℃以下熬糖锅加盖，140℃以上要求及时转锅，出锅温度为162℃～165℃。

（3）油籽酱处理

油籽酱经称重后放入容器内加热。先加入经粉碎过筛的返工品或部分糖膏以调节干稀程度，然后加入各种调味料搅匀。应先加入调味料中的奶油以驱水分，香精应最后加

入，以减少挥发。油籽酱的加热温度为50℃～55℃。

（4）包酱拉酥

先将包酱用糖坯在拉糖机上拉白，然后冷却至60℃～65℃，折叠成方形并在边缘以干净的湿抹布擦一下，以增加黏性。将上述加热处理好的油籽酱倒在中间，折起糖坯对捏边缘将酱包严，然后反复均匀地拉长进行上下左右对折。注意不要造成破皮，最后折成一定长度备用。

（5）皮料的处理

先将皮料拉白和折叠均匀，成为一长条，再将表皮料包在外面，水平对折数次，使形成12～16条分隔条的糖片，在表面用石蜡防黏剂涂擦，然后将其翻过来准备包酥成型。此时皮料温度约70℃～75℃。

（6）包酥成型

适当调节皮料和酥料的长度，用皮料将酥料包卷好，并将包缝和两端处理好，去除无酥部分，轻轻放入滚糖机的锥形滚筒上，经滚糖机、拉条机再入成型机模压成型。滚糖时如发现皮料起泡，可用细锥刺穿皮料以排除空气。成型机的最后切断模与固定模中心距离应调节好。鼓风机的风口要有效地吹到出模处，以保证糖块的初冷和分粒。

（7）冷却包装

在冷却机多层长距离的通风冷却情况下，裸体糖粒得到充分的冷却。在等于或高于室温1℃时即可进行包装。包装时先进行严密的小包装，然后进行中包装和大包装，最后入库。

第四节　凝胶糖果加工技术

凝胶糖也称为软糖，是以一种或多种亲水性凝胶与白砂糖、淀粉糖浆为主料，经加热溶化至一定浓度，在一定条件下形成的水分含量较高、质地柔软的凝胶状糖块。

一、凝胶糖果的组成与特性

1.凝胶糖果的组成

用于凝胶软糖的凝胶剂通常有琼脂、明胶、果胶、魔芋胶和淀粉等，有时也添加糖的微晶体或气泡体、水果的酱体或碎块等，这些可作为分散相，因而使凝胶糖果形成不同的多相分散体系，使凝胶糖果的质构、香气和滋味等性质产生明显的差异，形成不同的品种花式。

2. 凝胶糖果的特性

凝胶糖果的主要特征为外观透明、光润，口感一般柔软黏糯、富有弹性；物态体系为相对稳定的胶体分散体系；含水量偏高。凝胶糖果代表品种有变性淀粉软糖、明胶软糖、卡拉胶软糖、琼脂软糖、果胶软糖、树胶软糖等。

从凝胶糖果的主要特性看，可以把它们看成是一种含有糖溶液的凝胶体。而凝胶体的形成取决于凝胶剂的水合作用。因此，制造凝胶糖果必须使用亲水性的胶体。

凝胶糖果常见的质量变化有发烊发砂现象、失水干缩现象和霉变细菌污染。

二、凝胶糖果加工的一般工艺

1. 主要工艺流程

凝胶糖果的一般生产工艺流程为：

砂糖＋淀粉糖浆（水）→溶化→过滤→熬煮（变性淀粉＋水→淀粉乳）→浇模成型（淀粉→干燥→过筛→装盘→印模）→干燥→筛分（细砂糖）→拌砂→干燥→挑选→包装→成品

2. 加工操作要点

（1）淀粉凝胶软糖操作要点

①淀粉的选择：淀粉应具备很强的凝胶能力、较低的黏度、较好的水溶性、较好的透明度、正常的气味和色泽。目前制造淀粉凝胶糖果多用改性淀粉，特别是酸变性淀粉，其用量都要超过5％。由于淀粉胶体还要加入多糖和水，变性淀粉的用量都要增加一倍，即10％左右。根据淀粉能力的强弱，强的多用，弱的少用，一般控制在7％～15％，并且要把淀粉原料配制成淀粉乳液方能加入使用。

②砂糖和淀粉糖浆的比例：在制造软糖时，由于加热和干燥，砂糖受酸的水解作用会生成还原糖约22％，一般淀粉软糖含还原糖40％左右，其中18％是从淀粉糖浆之中取得。

③熬糖：熬糖工艺主要有常压熬糖和高压连续熬糖两种，由于后者优点多，使用更广泛。高压连续熬糖的温度一般为120℃～150℃，时间可控制在10s～2min。

④浇模成型：淀粉软糖适宜用浇模成型的方法，当淀粉软糖的糖浆温度降到90℃～95℃时，加入酸味料、色素和香料等辅料，进行成型处理。

⑤干燥：一般干燥初期，温度稍高，速度稍快；后期水分逐渐减少，温度可降低，但温度降低还与成品中的还原糖有关，水分较高时成品糖中的砂糖会受热水解生成还原糖。所以干燥温度既要保证水分蒸发，又要控制还原糖的生成。

⑥拌砂：拌砂就是用洁白的砂糖细粉粘在糖体的表面，防止成品糖体的粘连。

（2）琼脂软糖操作要点

①琼脂的选择和处理：为了使琼脂凝胶清澈透明，一般要将色泽灰暗的琼脂进行脱色处理，使其转变成无色透明的琼脂。脱色的方法很多，主要有物理吸附法和化学处理法两种。前者多用活性炭或骨炭吸附琼胶溶胶中的有机色素；后者应用化学氧化方法把有机色素变成无色物质，通常采用高锰酸钾溶液处理法，通过分解出原子氧进行脱色。

②砂糖和淀粉糖浆的比例：一般约为1∶2。

③熬糖和成型：熬糖时投料次序主要有三种。一是琼脂、砂糖、淀粉糖浆和水一起溶解熬制；二是琼脂、砂糖、水一起溶化，然后加入淀粉糖浆熬制；三是将砂糖、淀粉糖浆和水溶化，琼脂另外加水溶化，然后混合一起熬制。成型的方法有切分和浇模两种。

④干燥：琼脂软糖的干燥时间要短，干燥温度要低，是淀粉软糖干燥时间的1/3～1/2。

（3）明胶凝胶软糖操作要点

①明胶的复水和用量：干明胶要预先复水，制成溶胶后再与其他物质溶合，一般用水量约为干明胶的2～3倍，经浸润后，40℃以上加热就可全部成胶。明胶用量根据产品的凝胶强度而定，一般柔软性软糖的明胶用量为5%，较有弹性的为8%左右，韧性很大的则在10%以上。

②转化糖浆的使用：在配方中以转化糖浆代替部分淀粉糖浆，可以降低一些糖浆的黏度，还可以调节成品中还原糖含量的高低。

③熬糖：明胶冻胶或溶胶都不与砂糖和糖浆混在一起熬制，要等糖浆熬制后进行混合，因为明胶受热极易分解。一般糖浆熬煮温度为115℃～120℃，浇模成型的熬煮温度较低，凝结切块的温度较高。熬好后的物料要放置一段时间，因为明胶中大量的水分受热后变成水汽，黏性的料液阻止了水汽的蒸发，形成小气泡存于物料中，放置一段时间，可以让气泡聚集到表面，然后除去。

④干燥：熬糖后要进行干燥，而明胶受热易分解，干燥方法有两种，一是提高糖浆浓度，成型后无需再进行干燥；二是使用的糖浆浓度较低，成型后在低温下干燥，一般温度不超过40℃。

参 考 文 献

[1]许瑞.新型肉制品加工技术[M].北京：化学工业出版社,2022.

[2]高瑞萍,谌小立.酱类制品加工技术[M].北京：化学工业出版社,2023.

[3]王立东,庄柯瑾,包国凤.干法超微粉碎技术在食品加工中的应用[M].北京：中国纺织出版社,2022.

[4]张首玉,胡二坤.畜产品加工技术[M].北京：科学出版社,2020.

[5]俞露.刺梨加工与贮藏保鲜技术研究[M].西安：陕西科学技术出版社,2022.

[6]林祥群,姜黎,李晓华.食品加工技术[M].武汉：武汉理工大学出版社,2023.

[7]任广跃,李琳琳,程伟伟.早餐食品加工生产工艺与配方[M].北京：中国纺织出版社,2021.

[8]张海涛,郝生宏.酱卤腌腊烧烤食品加工[M].北京：化学工业出版社,2021.

[9]敬璞,吴金鸿.食品加工过程中品质调控模型与可视化平台应用[M].北京：化学工业出版社,2020.

[10]陶瑞霄.食品绿色加工技术[M].北京：科学出版社,2020.

[11]张海臣,陈亮.食品加工机械与设备[M].北京：中国轻工业出版社,2021.

[12]张海臣,曲波.粮油食品加工技术[M].北京：中国轻工业出版社,2020.

[13]郭志芳,杨雯雯.杀菌技术在食品加工中的应用进展[J].现代食品,2021(7):21-23.

[14]任全亮.酶技术在食品加工中的应用[J].食品安全导刊,2022(8):146-148.

[15]马梦晴,高海生.食品加工过程中新技术的应用[J].河北科技师范学院学报,2017(2):49-59.

[16]涟漪.发酵技术在食品添加剂领域的创新应用[J].食品界,2020(1):93.

[17]蓝勇波,林长虹,古丽君,等.快速检测技术在食品安全风险防控中的创新应用[J].食品安全导刊,2022(32):37-41.

[18]单长松,李法德,王少刚,等.欧姆加热技术在食品加工中的应用进展[J].食品与发酵工业,2017,43(10):269-276.

[19]张卫卫,王静,石勇,等.真空冷冻干燥食品加工技术研究[J].食品安全导刊,2020(27):161.

[20]刘洁.微生物在食品加工中的应用分析[J].食品安全导刊,2021(12):183+186.

[21]孙雪菁,冯林,王美霞,等.相变原理在食品创新中的应用[J].科技和产业,2022,22(12):186-189.

[22]戴浩然,冯雅,何诗行.食品超高压技术应用及装备研究进展[J].食品工业,2022,43(9):179-182.